ChatGPT
×
Excel VBA

ChatGPT 神助手！
幫你寫程式
爬取資料樣樣行！

AI 世代必學！
辦公室自動化 × 網路爬蟲

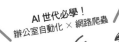

ChatGPT

×

Excel VBA

網路爬蟲與資料分析

使用生成式 AI「重啟」你的 Excel 辦公室自動化

感謝您購買旗標書，
記得到旗標網站
www.flag.com.tw
更多的加值內容等著您…

<請下載 QR Code App 來掃描>

● FB 官方粉絲專頁：旗標知識講堂

● 旗標「線上購買」專區：您不用出門就可選購旗標書！

● 如您對本書內容有不明瞭或建議改進之處，請連上
  旗標網站，點選首頁的 聯絡我們 專區。

  若需線上即時詢問問題，可點選旗標官方粉絲專頁
  留言詢問，小編客服隨時待命，盡速回覆。

  若是寄信聯絡旗標客服 email，我們收到您的訊息
  後，將由專業客服人員為您解答。

  我們所提供的售後服務範圍僅限於書籍本身或內
  容表達不清楚的地方，至於軟硬體的問題，請直接
  連絡廠商。

  學生團體　　訂購專線：(02)2396-3257 轉 362
  　　　　　　傳真專線：(02)2321-2545

  經銷商　　　服務專線：(02)2396-3257 轉 331
  　　　　　　將派專人拜訪
  　　　　　　傳真專線：(02)2321-2545

國家圖書館出版品預行編目資料

ChatGPT × Excel VBA 網路爬蟲與資料分析：使用生成式
AI「重啟」你的 Excel 辦公室自動化/陳會安作. -- 初版. --
臺北市：旗標科技股份有限公司, 2023.07
面；　公分

ISBN 978-986-312-756-7(平裝)

1.CST: EXCEL(電腦程式) 2.CST: 人工智慧 3.CST: 資訊蒐集

312.49E9　　　　　　　　　　　　　　112008529

作　　者／陳會安

發 行 所／旗標科技股份有限公司

　　　　　台北市杭州南路一段15-1號19樓

電　　話／(02)2396-3257(代表號)

傳　　真／(02)2321-2545

劃撥帳號／1332727-9

帳　　戶／旗標科技股份有限公司

監　　督／陳彥發

執行企劃／林佳怡

執行編輯／林佳怡

美術編輯／林美麗

封面設計／林美麗

校　　對／林佳怡

新台幣售價：499 元

西元 2023 年 7 月 初版

行政院新聞局核准登記-局版台業字第 4512 號

ISBN　978-986-312-756-7

序

　　最近 AI 界的大事就是 2022 年底 OpenAI 推出的 ChatGPT，其橫空出世的強大聊天功能，迅速攻佔所有的網路聲量，探討其可能應用成為目前最熱門的討論主題，本書就是結合 ChatGPT × Excel VBA 來探討自動化 Excel 資料整理、清理、資料分析、資料視覺化和網路爬蟲的各種實際應用，讓你在 ChatGPT 的幫助下，輕鬆學會網路爬蟲和辦公室自動化的 Excel VBA 程式設計。

　　不只如此，本書更教你如何靈活運用 ChatGPT 的 AI 技術，使用生成式 AI 幫助你學習 HTML 標籤和 CSS 選擇器、寫出正規表達式、找出 CSS 選擇器、剖析 JSON 資料，更可以在提示文字（Prompts）的幫助下，寫出各種不同應用的 VBA 程式，讓你成為一位 VBA 程式設計的 AI 溝通師。

　　本書是使用 Excel VBA 實作 Excel 自動化和網路爬蟲的資料擷取，並且實際運用 Excel VBA 進行全方位的辦公室自動化、資料分析和資料視覺化，可以作為個人工作所需的自學、或大專院校教相關 Excel 資料分析、辦公室自動化和網路爬蟲等相關課程的教材。

　　在內容上，本書是從基礎 Excel VBA 語言開始，詳細說明如何使用 Excel VBA 來操控 Excel 活頁簿、Excel 工作表和儲存格的自動化操作後，活用 ChatGPT 來幫助我們進行 Excel 活頁簿和工作表的合併與分割，然後是資料清理、轉換和使用 VBA 正規表達式來清理儲存格資料，在清理資料後，即可建立 VBA 程式來自動化繪製圖表、套用公式和建立樞紐分析表來進行 Excel 資料分析。

在網路爬蟲部分是從資料來源的 HTML 和 CSS 開始，使用 ChatGPT 幫助我們準確的定位網頁內容的目標資料，並且了解網站巡覽結構來規劃你的網路爬蟲策略，即可用 ChatGPT 幫助我們建立 Excel VBA 網路爬蟲程式，爬取指定 HTML 標籤、HTML 清單、HTML 表格、非 <table> 標籤的 <div> 表格，和 <a> 超連結的多頁面網路資料。最後在 Excel 儲存格整合 ChatGPT API，可以讓你直接在 Excel 儲存格使用 ChatGPT 的功能。

因為實作是程式學習上不可缺少的部分，所以本書提供眾多實作案例，可以讓讀者實際應用所學來進行 Excel 自動化的資料整理、清理、分析和繪製相關圖表來執行資料視覺化，並且實際使用網路爬蟲來爬取各種不同 HTML 標籤的網路資料。

如何閱讀本書

　　本書架構上是循序漸進從 Excel VBA 語言開始，在說明提昇工作效率的 Excel 自動化資料整理、清理、分析和視覺化操作後，才進入 Excel VBA 網路爬蟲。

☆ 第一篇：ChatGPT × Excel VBA 的 Excel 辦公室自動化

　　第一篇是 Excel 辦公室自動化，在第 1 章詳細說明 Excel VBA 語法和 ChatGPT 如何幫助你學習 VBA 程式設計。第 2 章說明如何使用 VBA 程式來自動化處理 Excel 工作表和儲存格的資料。第 3 章是 Excel 資料整理與清理，在說明 Excel 活頁簿操作和 VBA 的正規表達式後，說明如何自動化資料整理，合併和分割活頁簿和工作表，然後處理遺漏值、轉換資料和使用正規表達式來清理資料。第 4 章是 Excel 資料分析，說明如何自動化套用儲存格公式、建立樞紐分析表和繪製各種資料視覺化所需的圖表。

☆ 第二篇：ChatGPT × Excel VBA 建立網路爬蟲

　　第二篇是 Excel VBA 網路爬蟲，在第 5 章詳細說明網路爬蟲、HTTP 通訊協定、URL 網址、網路爬蟲步驟和使用開發人員工具來分析 HTML 網頁。第 6 章說明網路爬蟲的資料來源：HTML 標籤，和使用 ChatGPT 幫助我們學習 HTML 標籤和 CSS 選擇器。第 7 章是說明如何使用 XMLHttpRequest 和 Internet Explorer 物件來取得網路資料。在第 8 章是剖析和擷取網頁資料，我們可以使用 DOM 方法和 CSS 選擇器來定位和擷取網頁資料。

第 9 章是使用 Excel VBA 爬取 AJAX 網頁與 Web API，並且詳細說明 JSON 資料處理。第 10 章是使用 IE 自動化來爬取互動網頁，在說明 HTML 表單標籤和表單送回操作後，詳細說明如何建立 IE 自動化。

☆ 第三篇：ChatGPT × Excel VBA 整合應用

第三篇是 ChatGPT × Excel VBA 整合應用，在第 11 章是 Excel VBA 網路爬蟲實戰，可以實際使用網路爬蟲來取得所需的網路資料。第 12 章在說明如何取得 ChatGPT API 的 API KEY 金鑰後，即可使用 XMLHttpRequest 物件來呼叫 ChatGPT API，然後將 ChatGPT 的回應填入 Excel 儲存格，然後介紹免費的 ChatGPT API 增益集後，使用 ChatGPT API 來自動化撰寫 Excel 儲存格的客戶回應。

☆ 附錄：註冊與使用 ChatGPT

附錄 A 是 ChatGPT 的申請與使用。

編著本書雖力求完美，但學識與經驗不足，謬誤難免，尚祈讀者不吝指正。

陳會安於台北

hueyan@ms2.hinet.net

2023.6.30

書附範例檔內容說明

為了方便讀者學習 ChatGPT Excel VBA 網路爬蟲與資料分析,筆者已經將本書 Excel 範例、提示文字的 .txt 檔和相關檔案都收錄在書附範例檔,如右表所示:

資料夾	說明
Ch01~Ch12 資料夾	本書各章 Excel VBA 檔、提示文字的 .txt 檔、CSV 檔、JSON 檔、HTML 網頁、圖檔和相關檔案

請連到以下網址,即可取得本書的範例檔:

https://www.flag.com.tw/bk/st/F3158

請注意! Windows 10 的使用者,在開啟含有巨集的檔案時,會出現紅色的「Microsoft 已封鎖巨集執行」的訊息,請先將檔案關閉,接著在檔案上按滑鼠右鍵,點選內容命令,勾選解除封鎖項目後,即可順利開啟。

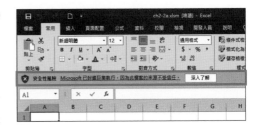

此外,在 Excel 開啟巨集檔案也會出現安全性警告,請按下啟用內容鈕來編輯檔案。

目錄

ChatGPT × Excel VBA 自動化資料分析與視覺化

第二篇　ChatGPT×Excel VBA 建立網路爬蟲

認識動態網頁技術與網路爬蟲

6 chapter 用 ChatGPT 學習 HTML 標籤和 CSS 選擇器

7 chapter 用 ChatGPT × Excel VBA 取得 HTML 網頁資料

8
chapter

用 ChatGPT × Excel VBA 建立網路爬蟲程式

CHAPTER

1

用 ChatGPT 學習 Excel VBA 程式設計

1-1 在 Excel 開啟 VBA 功能

「VBA」（Visual Basic for Applications）是微軟 Office 支援的程式語言，可以讓我們輕鬆使用 Visual Basic 語法來擴充 Office 的功能。因為在 Excel 的 VBA 是開發人員功能，預設沒有開啟。在 Excel 撰寫 VBA 程式前我們需要先開啟 VBA 功能，其步驟如下所示：

Step 1 請啟動 Excel 新增空白活頁簿後，執行**檔案 / 選項**命令，可以看到 Excel 選項對話方塊。

Step 2 切換到左邊的**自訂功能區**，在右邊勾選**開發人員**，按**確定**鈕開啟 VBA 功能。

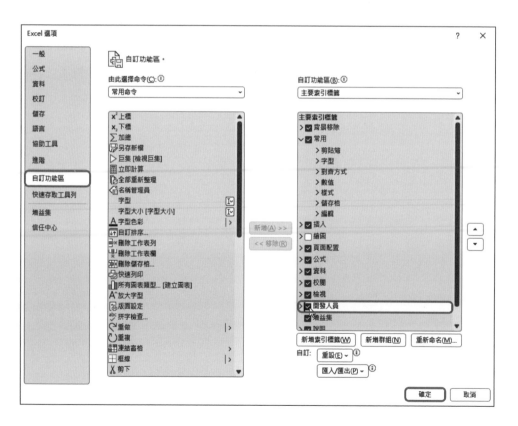

Step **3** 在 Excel 上方功能區，會看到新增**開發人員**索引標籤，點選**開發人員**
索引標籤，再點選**程式碼**群組的 Visual Basic 開啟 VBA 編輯器。

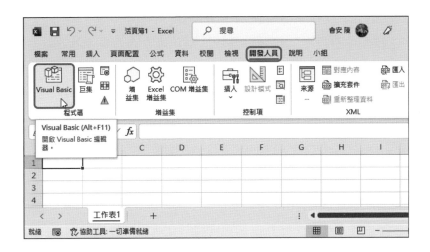

Step **4** 在 VBA 編輯器的左邊雙擊**工作表 1**，就可以在右邊看到程式碼編輯
視窗，這是編輯 VBA 程序與函數程式碼的編輯視窗。

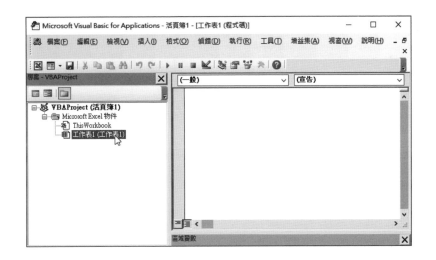

上圖中若沒有看到左上方的**專案總管**與左下方的**屬性視窗**，請執行**檢視 /
專案總管**命令和**檢視 / 屬性視窗**命令來顯示這兩個視窗。

1-2 建立 VBA 程式

Excel 的 VBA 程式稱為巨集（Macros），我們可以在 Excel 新增巨集，也可以在插入控制項後，新增控制項的事件處理程序，事實上，這也是一種巨集程式。

1-2-1 新增第一個 VBA 巨集程式 ch1-2-1.xlsm

在 Excel 成功開啟 VBA 功能後，就可以新增第一個 VBA 巨集程式，例如，顯示一個內容為第一個 VBA 程式的訊息視窗，其步驟如下：

Step 1 請啟動 Excel 新增空白活頁簿後，在上方功能區選開發人員索引標籤後，選程式碼群組的巨集來新增巨集程式。

Step 2 在巨集對話方塊的巨集名稱欄輸入巨集名稱「Hello」，按建立鈕建立巨集程式。

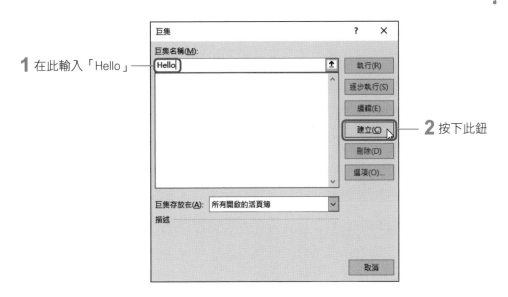

1 在此輸入「Hello」

2 按下此鈕

Step 3 接著會啟動 VBA 編輯器,新增名為 VBAProject 的專案,和建立名為 Module1 的模組,在此模組擁有一個名為 Hello 的程序,此程序就是我們建立的巨集,如下圖所示:

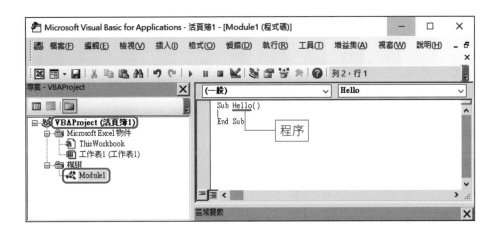

在上述左邊專案視窗的模組下可以看到 Module1,在右邊新增的是 Module1 模組的程式碼,預設產生和巨集同名的 Sub 程序 Hello,而 VBA 模組就是程序和函數的集合。

Step **4** 在 Sub 和 End Sub 程式碼之間輸入 1 列程式碼，使用 MsgBox() 函數顯示一個訊息視窗，其參數就是顯示的文字內容，如下所示：

```
MsgBox("第一個VBA程式")
```

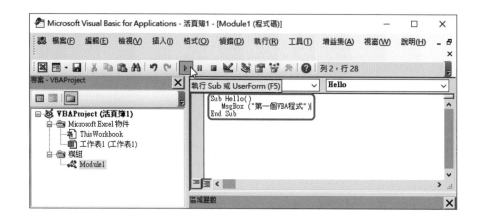

Step **5** 請執行**執行 Sub 或 UserForm** 命令，或按上方工具列的**執行鈕**，也可以按 F5 鍵，就可以看到執行結果顯示的訊息視窗。

Step **6** 按**確定鈕**，完成 VBA 程式的執行。

我們也可以在**巨集**對話方塊，選 Hello 後，按**執行鈕**來執行 VBA 程式的巨集，如右圖所示：

Tip 請注意！因為 Excel 擁有巨集程式，在儲存時需儲存成副檔名 .xlsm 檔案，此範例是儲存成 ch1-2-1. xlsm。

1-2-2 新增按鈕控制項和事件處理程序　　ch1-2-2.xlsm

　　Excel 可以在工作表上新增控制項來執行所需的操作，例如：新增一個按鈕，按下按鈕，可以在 "A1" 儲存格填入 "Hello" 文字，其步驟如下所示：

Step 1 啟動 Excel 新增空白活頁簿後，在上方功能區選**開發人員**索引標籤後，在**控制項**群組，執行**插入 / 按鈕**命令，可以在工作表中新增一個按鈕控制項。

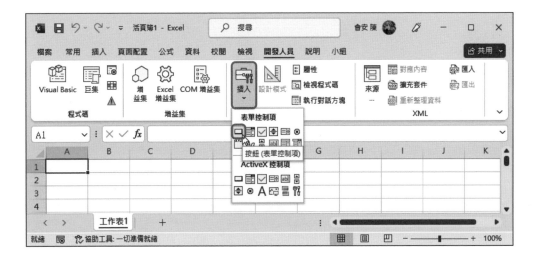

Step 2 請從左上方往右下方方向拖拉出按鈕後，即可建立預設名稱為**按鈕 1** 的按鈕控制項，和馬上顯示**指定巨集**對話方塊。

Step 3 在巨集名稱欄預設會填入名為**按鈕 1_Click** 的事件處理程序，按**新增**鈕可以新增名為**按鈕 1_Click()** 的事件處理程序。

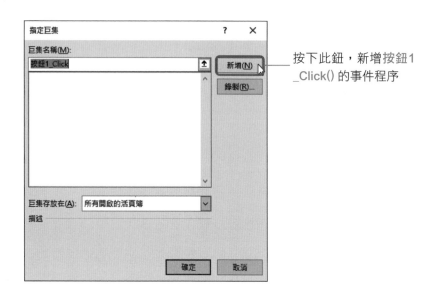

按下此鈕，新增按鈕1
_Click() 的事件程序

Step 4 在 Sub 和 End Sub 程式碼之間輸入 1 列程式碼，可以在 "A1" 儲存格填入字串 "Hello"，如下所示：

```
Worksheets(1).Range("A1").Value = "Hello"
```

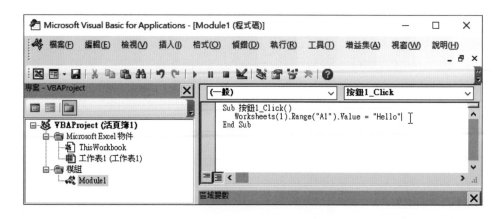

Step 5 完成編輯後，請按上方的執行 Sub 或 UserForm 鈕執行程序，或在 Excel 工作表按下新增的按鈕 1 鈕，都可以看到在 "A1" 儲存格填入的字串，如右圖所示：

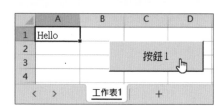

Step **6** 當然，我們可以更改按鈕的標題文字，請使用滑鼠右鍵選取按鈕控制
項後（可以看到四周的控制點），執行右鍵快顯功能表的編輯文字命
令（指定巨集命令可以更改執行的事件處理程序），如下圖所示：

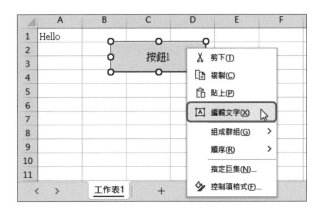

Step **7** 編輯文字後，更改標題文字成為測試執行，如下圖所示：

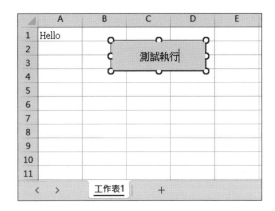

1-3 VBA 的程序與函數

VBA 模組的程式碼單位是 Sub 程序或 Function 函數（即巨集），我們需要替程序與函數命名，以便可以使用名稱來呼叫這些程序或函數。VBA 程序和函數的差別是函數有回傳值；而程序沒有回傳值。

☆ Sub 程序

Sub 程序是一個程式區塊的 VBA 程式碼，使用 Sub 和 End Sub 包圍，程序沒有回傳值，我們可以在括號中加上傳入的參數，如下所示：

```
Sub Hello()
    MsgBox ("第一個VBA程式")
End Sub
```

☆ Function 函數

Function 函數是改用 Function 和 End Function 包圍，在括號中一樣可以加上傳入參數，函數需要回傳值，指定回傳值的方式是將函數名稱指定成回傳值，如下所示：

```
Function Sum2N(MaxValue As Integer) As Integer
    Dim i, TotalValue As Integer
    For i = 1 To MaxValue Step 1
        TotalValue = TotalValue + i
    Next
    Sum2N = TotalValue
End Function
```

上述 Sum2N() 函數的 MaxValue 參數如同變數是使用 As 關鍵字宣告其型別，此函數可以從 1 加到參數值後，回傳最後的相加結果，在函數回傳值就是指定函數名稱給回傳值的，如下所示：

```
Sum2N = TotalValue
```

☆ 呼叫 VBA 程序與函數

在其他 VBA 模組的 VBA 程式碼可以呼叫函數或程序，只有在呼叫程序時才需使用 Call 關鍵字，如下所示：

```
Call Hello()
```

而呼叫函數因為有回傳值，通常是使用指定敘述來進行呼叫，並且函數是位在指定敘述的右邊，如下所示：

```
TotalValue = Sum2N(10)
```

☆ 跳出 VBA 程序與函數

在程序與函數中可以呼叫 Exit 關鍵字來中斷程序或函數的執行。在程序是使用 Exit Sub，如下所示：

```
Exit Sub
```

函數是使用 Exit Function，如下所示：

```
Exit Function
```

1-4 VBA 的變數與資料型別

VBA 程式碼的**變數**是用來儲存程式執行期間的暫存資料，例如：運算的中間結果。**資料型別**是指定變數儲存哪一種資料，例如：儲存整數或字串等。

1-4-1 變數型別與宣告

在 VBA 程式宣告變數是使用 Dim 關鍵字，並且在之後使用 As 關鍵字指定變數的資料型別，我們也可以不指定資料型別，預設就是 Variant。

Variant 資料型別能夠儲存任何資料型別的資料，隨著變數指定成不同的資料，也會更改其資料型別，例如：指定成數字，就是數字；指定成字串，就是字串。

☆ 變數的宣告

變數在程式中可以儲存執行時的暫存資料，其命名原則如下所示：

◆ 不能超過 255 字元，而且不區分英文大小寫。

◆ 名稱中間不能有標點符號的句點、分號、逗號或空白，而且第 1 個字元不能是數字。

◆ 不能使用 Excel 和 VBA 關鍵字和內建函數的名稱。

VBA 程式是用 Dim 關鍵字宣告變數；As 指定資料型別，如下所示：

```
Dim j, TotalValue As Integer
Dim str As String
```

上述程式碼宣告 3 個變數，i 和 TotalValue 為整數，變數 str 為字串。如果在同一列程式碼宣告多個變數，請使用「,」逗號分隔。如果沒有使用 As，可以如下表示：

```
Dim i, Count
```

上述程式碼是宣告 2 個資料型別為 Variant 的變數,可以儲存任何資料型別的資料。

事實上,VBA 程式碼的變數並不需要事先宣告,我們可以在需要時,直接在指定敘述中使用變數,不過,這種作法會造成程式維護上的困擾,為了要求程式碼中的每一個變數都需事先宣告,我們可以在模組前使用下列程式敘述。如此 VBA 程式的變數都需要先宣告才能使用。

```
Option Explicit
```

☆ 變數的資料型別

VBA 變數最常使用的資料型別是數字和字串,詳細的資料型別說明和資料範圍,如下表所示:

型別	說明	範圍
Boolean	布林值	True 或 False
Byte	正整數	0 到 255 間的正整數
Integer	整數	-32,768 到 32,767 間的整數
Currency	貨幣	-922,337,203,685,477.5808 到 922,337,203,685,477.5807
Long	長整數	-2,147,483,648 到 2,147,483,647 間的整數
Single	單精度的浮點數	負數範圍為 -3.402823E38 到 -1.401298E-45, 正數範圍 1.401298E-45 到 3.402823E38
Double	雙精度的浮點數	負數範圍為 -1.79769313486231E308 到 -4.94065645841247E-324, 正數範圍 4.94065645841247E-324 到 1.79769313486232E308
Date	日期	100 年 1 月 1 日到 9999 年 12 月 31 日
String	字串	固定長度為 65536,可變長度為 2 億
Object	物件	物件的參考
Variant	未定型別	依指定敘述的資料而定

☆ 常數的宣告

常數是使用一個名稱取代固定值的數字或字串，與其說是一個變數，不如說是這是一種名稱轉換，將一些值使用有意義的名稱來取代，VBA 常數是使用 Const 關鍵字宣告，在宣告同時需要指定其值，而且在指定後就不允許更改，例如：宣告圓周率的常數 PI，如下所示：

```
Const PI As Single = 3.1415926
```

1-4-2 指定敘述

我們在宣告變數後就可以指定變數值，稱為指定敘述。指定敘述是使用「=」等號來指定或更改變數值，如下所示：

```
i = 101
str = "無宗憲"
```

上述程式碼指定變數值是 101 和 " 無宗憲 "，其型別分別是整數和字串資料型別的變數。

1-5 VBA 的運算子

VBA 指定敘述的等號右邊若為運算式或條件運算式，這些運算式都是由運算子和運算元所組成，VBA 語言支援算術、比較、字串和邏輯運算子，如下所示：

```
A + B - 1
A >= B
A > B And A > 1
```

上述運算式中 A、B 變數和數值 1 是運算元，+、- 為運算子。

1-5-1 運算子的優先順序

VBA 的運算子有很多種，當在同一運算式使用多種運算子時，為了讓運算式得到相同的運算結果，運算式是使用運算子預設的優先順序進行運算，其優先順序的說明，如下所示：

◆ 正常情況，如果沒有優先順序的差異，運算式會依照出現的順序，由左到右依序執行。

◆ 括號內比括號外的優先執行，通常括號的目的是為了推翻現有的優先順序，在括號內是依照正常的優先順序執行。

◆ 當運算式超過一個運算子時，算術運算子最先，接著是比較運算子，最後才是邏輯運算子。

◆ 對於運算子內的各種運算，比較運算子的優先順序相同，算術和邏輯運算子，請參考後面的運算子說明表格，位在前面表格列的運算子，其優先順序比較高，也就是會先執行。

◆ 算術運算子中加和減法優先順序相同，乘和除法擁有相同的優先順序，不過乘除高於加減。

1-5-2 算術與字串運算子

字串連接運算子「&」並不屬於算術運算子，其優先順序在算術運算子之後；比較運算子之前。運算子依照優先順序排列，如下表所示：

運算子	說明	運算式範例
^	指數	5 ^ 2 = 25
-	負號	-7
*	乘法	5 * 6 = 30
/	除法	7 / 2 = 3.5
\	整數除法	7 \ 2 = 3
MOD	餘數	7 MOD 2 = 1
+	加法	4 + 3 = 7
-	減法	4 − 3 = 1
&	字串連接	"ab" & "cd" = "abcd"

1-5-3 比較運算子

在比較運算子之間並沒有優先順序的分別，通常是使用在迴圈和條件敘述的判斷條件，Is 運算子並非比較物件，而是檢查 2 個物件是否參考相同的物件，如下表所示：

運算子	說明
=	等於
< >	不等於
<	小於
>	大於
< =	小於等於
> =	大於等於
Is	物件比較
Like	字串比較

1-5-4 邏輯運算子

如果迴圈和條件敘述的判斷條件不只一個，我們需要使用邏輯運算子來連接多個條件。運算子依照其優先順序，如下表所示：

運算子	說明
Not	非，回傳運算元相反的值，True 為 False ； False 為 True
And	且，連接的 2 個運算元都為 True，則運算式為 True
Or	或，連接的 2 個運算元中，任一個為 Ture，則運算式為 True
Xor	連接的 2 個運算元中，只有一個為真，不同時都為 True 則運算式為 True，否則為 False
Eqv	2 個運算元相等同為 True 或 False 則為 True，否則為 False

1-6 VBA 的流程控制敘述

在 VBA 的程式碼預設是一列程式敘述接著一列程式敘述循序的執行，為了達成預期的執行結果，程式碼的執行需要加上流程控制，以產生不同的執行順序。

程式碼的流程控制就是配合條件判斷來執行不同區塊的程式碼，或像迴圈一般重複執行區塊的程式碼，流程控制主要分為兩類，如下所示：

◆ 條件控制：條件控制是一個選擇題，可能為單一選擇或多選一，依照條件運算子的結果，決定執行哪一個區塊的程式碼。

◆ 迴圈控制：迴圈控制是重複執行區塊的程式碼，擁有結束條件可以結束迴圈的執行。

1-6-1 VBA 的條件敘述

VBA 條件敘述分為是否選、二選一或多選一等多種條件敘述。

☆ If 單選條件敘述

If 條件敘述是一種是否執行的單選條件，只是決定是否執行區塊內的程式碼，如果 If 條件為 True，就執行 Then/End If 之間的程式碼，如下所示：

```
If TestValue > 0 Then
    UserName = "無宗憲"
End If
```

上述條件為 True，就執行區塊的程式碼，指定變數 UserName 的預設值，如果為 False 就不執行程式碼。

☆ If/Else 二選一條件敘述

如果是排它的 2 個區塊需要二選一，我們可以加上 Else 關鍵字，如果 If 條件為 True，就執行 Then/Else 之間的程式碼，False 執行 Else/End If 之間的程式碼，例如：使用 If/Else 依條件指定不同的變數值，如下所示：

```
If TestValue > 0 Then
    UserName = "無宗憲"
Else
    UserName = "胡瓜"
End If
```

☆ If/ElseIf 多選一條件敘述

If/ElseIf 條件敘述是 If 條件敘述的延伸，可以使用 ElseIf 關鍵字來建立多選一條件，如下所示：

```
If thisDay = 1 Then
    str="星期日"
ElseIf thisDay = 2 Then
    str="星期一"
ElseIf thisDay = 3 Then
    str="星期二"
ElseIf thisDay = 4 Then
    str="星期三"
ElseIf thisDay = 5 Then
    str="星期四"
ElseIf thisDay = 6 Then
    str="星期五"
ElseIf thisDay = 7 Then
    str="星期六"
Else
    Msgbox ("無法分辨星期")
End If
```

上述程式碼以變數 thisDay 決定指定變數 str 的星期字串，如果 1 是星期日，不是，就接著檢查是不是 2，是就是星期一，否則繼續檢查，直到最後都沒有符合的條件，就顯示錯誤的訊息視窗。

☆ Select/Case 多選一條件敘述

VBA 還提供 Select/Case 多選一條件敘述，這種條件敘述比較簡潔，可以依照符合條件執行不同區塊的程式碼，如下所示：

```
Select Case thisDay
    Case 1: str="星期日"
    Case 2: str="星期一"
    Case 3: str="星期二"
    Case 4: str="星期三"
    Case 5: str="星期四"
    Case 6: str="星期五"
    Case 7: str="星期六"
    Case Else
        Msgbox ("無法分辨星期")
End Select
```

在 Select/Case 條件敘述只有一個運算式，不同於 If/ElseIf 條件敘述在每一個程式區塊前都需要條件運算式，最後的 Case Else 是例外情況。

1-6-2 VBA 的迴圈控制敘述

VBA 支援多種迴圈控制敘述，能夠輕易設計出複雜執行流程的程式碼。

☆ For/Next 計數迴圈

For/Next 迴圈敘述可以執行固定次數的迴圈，以 Step 量增加或減少，如果 Step 為 1 可以省略 Step 關鍵字，例如：使用 For/Next 迴圈每次增加 1，執行 1 加到 10 的迴圈，如下所示：

```
Dim i, Total

Total = 0
For i = 1 To 10 Step 1
   Total = Total + i
Next
```

上述 For/Next 迴圈是從 1 加到 10 計算總和，如果是使用負數 -1 的 Step，For/Next 迴圈可以倒過來從 10 加到 1，如下所示：

```
For i = 10 To 1 Step -1
   Total = Total + i
Next
```

☆ For Each/Next 迴圈

For Each/Next 迴圈和 For/Next 迴圈敘述十分相似，只不過此迴圈主要是使用在陣列和集合物件用來顯示所有元素，特別適合在不知道有多少元素的集合物件，例如：Range 物件是儲存格集合的集合物件，如下所示：

```
Set A = Range("A1:A6")
For Each cell In A
   Total = Total + cell.Value
Next cell
```

上述 For Each/Next 迴圈取出 Range 物件的每一個 cell 儲存格物件後，使用 Value 屬性來計算整欄儲存格的總和。

☆ Do/While...Until/Loop 條件迴圈

Do/While...Until/Loop 迴圈擁有多種組合，可以在迴圈開始或結束使用 While 或 Until 測試迴圈條件。如果在迴圈尾測試條件，迴圈至少執行一次，請注意！這種迴圈需要自己處理迴圈的結束條件和計數器。

◆ While 當條件成立時：Do/Loop 迴圈是使用 While 條件，在迴圈開頭時檢查，例如：計算從 1 加到 10 的總和，結束條件為 i > 10，如下所示：

```
i = 1
Total = 0
Do While i <=10
    Total = Total + i
    i = i + 1
Loop
```

◆ Until 直到條件成立：Do/Loop 迴圈是使用 Until 條件，在迴圈尾進行檢查，例如：從 1 加到 10 計算總和，結束條件為 i > 10，如下所示：

```
i = 1
Total = 0
Do
    Total = Total + i
    i = i + 1
Loop Until i > 10
```

☆ While/Wend 迴圈

While/Wend 迴圈控制是在迴圈開始時測試條件，可以決定是否繼續執行迴圈的程式碼，其功能和 Do/Loop 迴圈相同，例如：使用 While/Wend 迴圈計算從 1 加到 10 的總和，結束條件為 i > 10，如下所示：

```
i = 1
Total = 0
While i <= 10
    Total = Total + i
    i = i + 1
Wend
```

☆ Exit For：跳離 For/Next 迴圈

當 VBA 迴圈尚未到達結束條件時，我們可以使用 Exit For 敘述強迫跳出 For/Next 迴圈，即馬上結束迴圈的執行。也就是說，當迴圈執行到 Exit For 敘述就會中斷迴圈的執行，如下所示：

```
For i = 1 To 100 Step 1
    ...
      Exit For
    ...
Next
```

☆ Exit Do：跳離 Do/Loop 迴圈

如果沒有使用 While 或 Until 關鍵字在迴圈頭尾測試條件，單純的 Do/Loop 迴圈是一個無窮迴圈，我們可以使用 Exit Do 敘述結束迴圈的執行，當迴圈執行到此 Exit Do 就會中斷迴圈的執行，如下所示：

```
Do
    ...
      Exit Do
    ...
Loop
```

1-7 VBA 陣列

VBA 陣列如同變數一樣是使用 Dim 關鍵字宣告，我們可以在宣告的同時指定陣列尺寸。例如：宣告一維陣列儲存測驗成績，如下所示：

```
Dim Tests(0 To 2) As Integer
```

上述程式碼宣告名為 Tests 的整數陣列，在括號中使用 To 關鍵字指出索引值範圍，0、1、2 共 3 個元素。我們也可以在括號直接指定最大索引值來定義陣列尺寸，如下所示：

```
Dim Scores(2) As Integer
```

上述程式碼宣告一維整數陣列 Scores，括號值是最大索引值 2，因為索引值是從 0 開始，所以是 0、1、2 共 3 個元素。

☆ 存取一維陣列的元素

在宣告一維陣列後，就可以使用指定敘述指定陣列值，如下所示：

```
Tests(0) = 70
Tests(1) = 79
Tests(2) = 65
```

上述指定敘述使用索引值指定陣列元素值。同樣方式，我們可以使用索引值來取出陣列元素值，如下所示：

```
Dim s1, s2 As Integer
s1 = Tests(1)
s2 = Scores(1)
```

上述程式碼取得陣列索引 1 的值，因為索引值是從 0 開始，所以取得的是 Tests 和 Scores 陣列的第 2 個元素值。

☆ 使用 For/Next 迴圈走訪陣列

一維陣列可以使用 For/Next 迴圈走訪每一個陣列元素，然後將各陣列元素值加總，如下所示：

```
For i = 0 To 2
    Total = Total + Tests(i)
Next i
```

☆ 使用 For Each/Next 迴圈走訪陣列

一維陣列也可以使用 For Each/Next 迴圈走訪每一個陣列元素，然後將各陣列元素值加總，如下所示：

```
For Each ele In Scores
    Total = Total + ele
Next ele
```

1-8 ChatGPT 應用：Excel VBA 程式設計小幫手

ChatGPT 是人工智慧技術的產物，其背後是名為 GPT 架構的大型語言模型，可以讓我們使用自然語言進行對話，回答我們提出的任何問題。請先參閱附錄 A 的說明，註冊 OpenAI 帳戶來使用 ChatGPT。

基本上，ChatGPT 可以在多方面幫助我們學習程式設計和寫出 VBA 程式碼，讓 ChatGPT 成為你的程式設計與學習幫手。

☆ 講解程式觀念與 VBA 語法的使用

如果在學習過程中，有一些 VBA 觀念並不是十分清楚，我們可以詢問 ChatGPT 講解相關的 VBA 觀念。詳細的問題描述（ch1-8.txt），如下所示：

> 你是VBA程式專家，請使用繁體中文說明什麼是VBA陣列？

 VBA陣列是一個用於在Visual Basic for Applications (VBA)程式中儲存和操作多個相關數據項的結構。它是一種容器，可以存儲相同或不同類型的數據項，例如數字、文字、日期等。陣列能夠按照索引值存取其中的元素，索引值可以是數字或其他數據類型。

VBA陣列通常被用於處理大量數據，提供了更方便和有效率的方式來存儲和操作這些數據。使用陣列，您可以一次性處理多個數據項，而不需要一個個單獨處理。

VBA陣列可以是一維的，也可以是多維的。一維陣列是最簡單的形式，它只有一行或一列元素。多維陣列則是由多行和多列元素構成的，您可以根據需要指定陣列的維度。

要使用VBA陣列，您需要先聲明陣列的類型和大小。您可以在程式中使用 `Dim` 語句聲明陣列，然後使用 `ReDim` 語句來重新調整陣列的大小。一旦聲明和設定陣列，您就可以使用索引值來訪問和修改陣列中的元素。

上圖是 ChatGPT 的回答，詳細說明什麼是 VBA 陣列，然後馬上舉出 VBA 陣列的程式範例，如下圖所示：

```vba
Sub ArrayExample()
    Dim myArray(3) As String

    myArray(0) = "Apple"
    myArray(1) = "Banana"
    myArray(2) = "Orange"

    For i = LBound(myArray) To UBound(myArray)
        Debug.Print myArray(i)
    Next i
End Sub
```

上述示例中，我們聲明了一個包含3個元素的字串陣列`myArray`。然後，我們為陣列的每個元素賦值。最後，使用`For`循環和`LBound`和`UBound`函數來遍歷陣列並打印每個元素。

這只是一個簡單的示例，VBA陣列還有更多強大的功能和用法，例如多維陣列、動態陣列和陣列函數等。根據您的需求，您可以使用VBA陣列來進行數據處理、排序、過濾等操作。

上述程式框是 ChatGPT 寫出的 VBA 程式範例，因為 GPT 模型的訓練資料擁有大量的簡體中文，所以 ChatGPT 回答的中文內容常常有很多中國大陸的詞彙。

請點選程式框右上角 Copy code 複製程式碼至剪貼簿，就可以在 Excel 檔案新增 ArrayExample 巨集後，貼上此 VBA 程序，因為是使用 Debug. Print() 方法輸出陣列元素，可以在 VBA 編輯器的即時運算視窗顯示執行結果，如下圖所示：

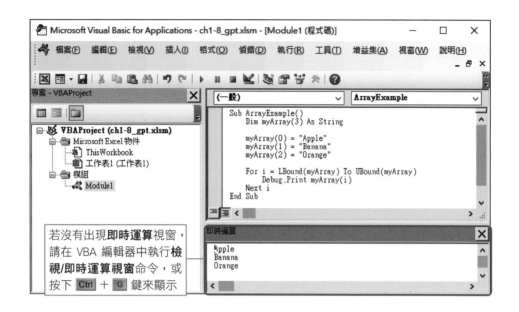

```vba
Sub ArrayExample()
    Dim myArray(3) As String

    myArray(0) = "Apple"
    myArray(1) = "Banana"
    myArray(2) = "Orange"

    For i = LBound(myArray) To UBound(myArray)
        Debug.Print myArray(i)
    Next i
End Sub
```

若沒有出現**即時運算**視窗，請在 VBA 編輯器中執行**檢視/即時運算視窗**命令，或按下 Ctrl + G 鍵來顯示

　　在上述 VBA 程式碼使用陣列的 2 個函數來取得陣列範圍，如果不清楚此函數的用法，我們一樣可以再次詢問 ChatGPT 其使用方法，將 ChatGPT 當成一本 VBA 語法查詢字典。請繼續對話過程，其詳細的問題描述（ch1-8a.txt），如下所示：

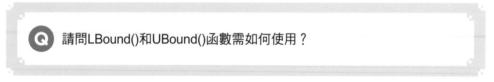

> Q　請問LBound()和UBound()函數需如何使用？

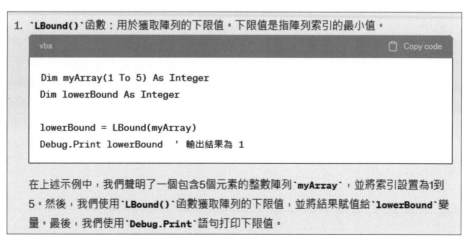

1. `LBound()`函數：用於獲取陣列的下限值。下限值是指陣列索引的最小值。

```vba
Dim myArray(1 To 5) As Integer
Dim lowerBound As Integer

lowerBound = LBound(myArray)
Debug.Print lowerBound    ' 輸出結果為 1
```

在上述示例中，我們聲明了一個包含5個元素的整數陣列 `myArray`，並將索引設置為1到5。然後，我們使用 `LBound()` 函數獲取陣列的下限值，並將結果賦值給 `lowerBound` 變量。最後，我們使用 `Debug.Print` 語句打印下限值。

上述 ChatGPT 的回答首先說明 LBound() 函數的使用，然後是 UBound() 函數的說明，如下圖所示：

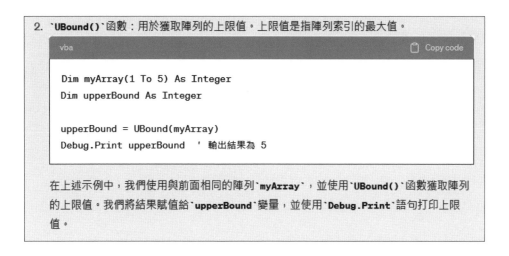

2. `UBound()`函數：用於獲取陣列的上限值。上限值是指陣列索引的最大值。

```vba
Dim myArray(1 To 5) As Integer
Dim upperBound As Integer

upperBound = UBound(myArray)
Debug.Print upperBound   ' 輸出結果為 5
```

在上述示例中，我們使用與前面相同的陣列 `myArray`，並使用 `UBound()` 函數獲取陣列的上限值。我們將結果賦值給 `upperBound` 變量，並使用 `Debug.Print` 語句打印上限值。

請點選 2 個程式框右上方的 Copy code，可以複製程式碼至剪貼簿，然後貼至 Excel 檔案 ch1-8a_gpt.xlsm 檔案來測試執行。

☆ 幫助我們寫出 VBA 程式

當你有一個程式想法，但是不知道 VBA 程式碼需如何撰寫時，或不知道如何下手來寫這一個程式時，我們都可以讓 ChatGPT 幫我們寫出一個範本程式，而且在整個交談過程中，一步一步修改成你希望的 VBA 程式。詳細的問題和功能描述（ch1-8b.txt），如下所示：

> Q 你是VBA程式專家，目前的美金匯率是1美金等於30.5元台幣，請寫出一個VBA程序可以輸入新台幣金額後，計算和顯示兌換的美金金額。

以下是一個VBA程序的範例，該程序可以根據輸入的新台幣金額計算並顯示兌換的美金金額：

```vba
Sub ConvertCurrency()
    Dim exchangeRate As Double
    Dim taiwanDollar As Double
    Dim usDollar As Double

    ' 設定匯率
    exchangeRate = 30.5

    ' 提示用戶輸入新台幣金額
    taiwanDollar = InputBox("請輸入新台幣金額：")

    ' 計算兌換的美金金額
    usDollar = taiwanDollar / exchangeRate

    ' 顯示兌換結果
    MsgBox "兌換結果：" & usDollar & " 美金"
End Sub
```

上述 ChatGPT 回答的內容不只寫出完整且可執行的 VBA 程序，並且在程式碼後面，還進一步說明 VBA 程式碼，請複製程式碼儲存成 ch1-8b_gpt.xlsm。

我們準備進一步請 ChatGPT 將上述匯率轉換部分的 VBA 程式碼建立成 VBA 函數，請繼續對話過程。其詳細的問題和功能描述（ch1-8c.txt），如下所示：

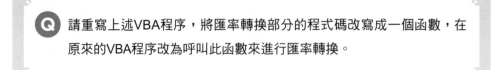

Q 請重寫上述VBA程序，將匯率轉換部分的程式碼改寫成一個函數，在原來的VBA程序改為呼叫此函數來進行匯率轉換。

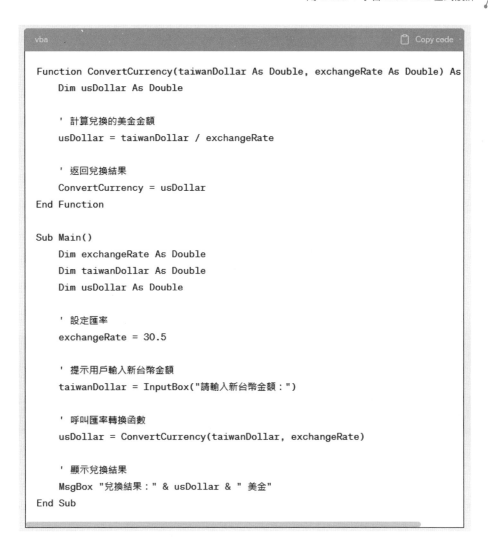

```vba
Function ConvertCurrency(taiwanDollar As Double, exchangeRate As Double) As
    Dim usDollar As Double

    ' 計算兌換的美金金額
    usDollar = taiwanDollar / exchangeRate

    ' 返回兌換結果
    ConvertCurrency = usDollar
End Function

Sub Main()
    Dim exchangeRate As Double
    Dim taiwanDollar As Double
    Dim usDollar As Double

    ' 設定匯率
    exchangeRate = 30.5

    ' 提示用戶輸入新台幣金額
    taiwanDollar = InputBox("請輸入新台幣金額：")

    ' 呼叫匯率轉換函數
    usDollar = ConvertCurrency(taiwanDollar, exchangeRate)

    ' 顯示兌換結果
    MsgBox "兌換結果：" & usDollar & " 美金"
End Sub
```

上述 ChatGPT 因為目前正在交談過程中，所以並不需重複之前的問題，其回答寫出了 ConvertCurrency() 函數，和呼叫函數的 Main() 程序，請複製程式碼儲存成 ch1-8c_gpt.xlsm。

在實務上，如果 ChatGPT 的回答或寫出的程式碼你並不滿意，都可以重複問一次相同問題，或點選 Regenerate response 重新回答一次，因為 ChatGPT 擁有隨機性，每次都會回答出不同的答案，如下圖所示：

↻ Regenerate response   ⏩ Continue generating

如果 ChatGPT 的回答因字數或網路問題而沒有完成，請點選 Continue generating 讓 ChatGPT 繼續回答你的問題。

☆ 幫助我們進行 VBA 程式碼的除錯

如果你寫出的 VBA 程式碼出現錯誤，也可以讓 ChatGPT 幫忙我們進行程式除錯。詳細的問題描述（ch1-8d.txt），如下所示：

> **Q** 你是VBA程式專家，我寫了一個VBA的CalculateBMI()函數，可是執行結果並不正確，請幫我更正VBA程式碼的錯誤，和使用程式框來顯示更正後的VBA程式碼，如下所示：
>
> Function CalculateBMI(weight As Double, height As Double) As Double
>   ' 計算BMI值
>   Dim bmi As Double
>   bmi = weight / height * height
>
>   ' 四捨五入到小數點後兩位
>   CalculateBMI = Round(bmi, 2)
> End Function

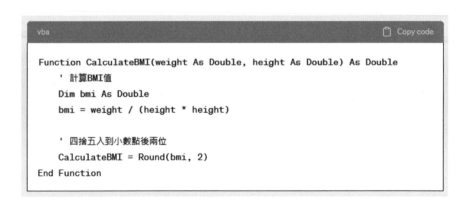

```vba
Function CalculateBMI(weight As Double, height As Double) As Double
    ' 計算BMI值
    Dim bmi As Double
    bmi = weight / (height * height)

    ' 四捨五入到小數點後兩位
    CalculateBMI = Round(bmi, 2)
End Function
```

上述 ChatGPT 的回答替我們找出 BMI 公式的錯誤，和提供一個正確的版本，即 ch1-8d_gpt.xlsm。

　　如果在執行 VBA 程式時出現了你不明白的錯誤訊息窗，我們也可以直接依據錯誤訊息來詢問 ChatGPT 如何解決此錯誤。詳細的問題描述（ch1-8e.txt），如下所示：

 我寫了一個VBA程序，執行時出現錯誤顯示下列程式碼有錯誤，如下
所示：
Dim xmlhttp As New MSXML2.XMLHTTP60
錯誤訊息，如下所示：
編譯錯誤:
使用者自訂型態尚未定義
請問我需如何處理此問題？

 這個錯誤訊息表示在您的VBA程式碼中使用了一個尚未定義的使用者自訂型態。在這種情況
下，錯誤出現在 `MSXML2.XMLHTTP60` 這個型態上。要解決這個問題，您需要確保您的程式碼
中正確引用了所需的參考。

在VBA中，您可以使用參考（Reference）來存取額外的物件庫或功能。
`MSXML2.XMLHTTP60` 是用於進行HTTP請求的物件庫。請按照以下步驟確保該參考已經被添
加：

1. 開啟您的VBA編輯器（按下Alt＋F11）。
2. 在編輯器的功能表中，選擇「工具（Tools）」>「參考（References）」。
3. 在出現的對話方塊中，尋找並勾選「Microsoft XML, v6.0」或類似的項目。
4. 點擊「確定（OK）」以套用變更。

如果在參考清單中找不到這個項目，您可能需要手動添加它。在參考對話方塊中，點擊「瀏
覽（Browse）」，然後尋找並選擇名為「msxml6.dll」或類似的檔案。通常，這個檔案位於
您的電腦上的系統目錄（例如：C:\Windows\System32）中。

完成上述步驟後，重新編譯並執行您的VBA程式碼，應該就不會再出現「使用者自訂型態尚
未定義」的錯誤了。

　　上述 ChatGPT 的回答指出此錯誤訊息的原因是沒有設定參考來引用外部物件。

① 請簡單說明什麼是 VBA 語言？ Excel 需要如何開啟 VBA 功能？

② 請舉例說明 VBA 程序與函數？

③ 請問 VBA 支援的運算子和資料型別有哪些？

④ 請說明 VBA 流程控制支援的條件和迴圈種類？什麼是 VBA 陣列？

⑤ 計算體脂肪 BMI 值的公式是 W/(H*H)，H 是身高（公尺）和 W 是體重（公斤），請建立 BMI() 函數計算 BMI 值，參數是身高和體重，然後建立一個按鈕控制項來呼叫 BMI() 函數後，可以使用 MsgBox() 函數顯示計算結果的 BMI 值。

⑥ 請簡單說明 ChatGPT 如何作為 Excel VBA 程式設計小幫手？

2

用 Excel VBA 自動化
Excel 活頁簿的操作

2-1 在 VBA 程式使用 Excel 物件

我們可以建立 VBA 程式碼來自動化處理 Excel 工作表，例如：在指定儲存格填入資料，此時需要使用 Excel VBA 物件來定位儲存格。

2-1-1 認識 Excel VBA 物件模型

Excel VBA 物件模型是從最上層的 Application 物件開始，Application 物件就是 Excel 應用程式，其下擁有幾個主要物件，如下圖所示：

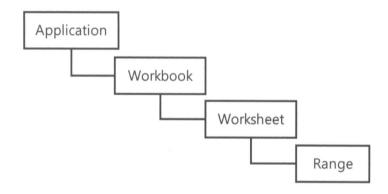

上述 Excel VBA 主要物件的簡單說明，如下表所示：

物件	說明
Workbook	Workbook 物件就是 Excel 應用程式的單一活頁簿，這是 Workbooks 集合的成員
Worksheet	Worksheet 物件是 Worksheets 集合的成員，這就是活頁簿中的工作表物件
Sheets	Sheets 物件是所有工作表和圖表等的集合，其成員可以是 ChartObject 圖表或 Worksheet 工作表物件
Range	Range 物件代表工作表上的一個儲存格、一個資料列、一個資料行（欄）、也可以是一或多個不一定連續的儲存格區塊，或多個工作表上的儲存格群組

我們可以詢問 ChatGPT 什麼是 Excel VBA 物件模型，詳細的問題描述（ch2-1-1.txt），如下所示：

> 你是VBA程式專家，請使用繁體中文說明Excel VBA物件模型？

在Excel VBA中，物件模型是用來表示Excel工作簿、工作表、儲存格等元素之間的關係和層次結構。物件模型是一種層次結構，從最上層的Application物件開始，往下分別是Workbook物件、Worksheet物件和Range物件等。

以下是Excel VBA中的一些常見物件：

1. Application物件：代表整個Excel應用程式。可以通過Application物件訪問Excel的全局設置和方法。
2. Workbook物件：代表Excel中的一個工作簿。可以通過Workbook物件訪問工作簿的屬性和方法，例如打開、關閉、儲存工作簿等。
3. Worksheet物件：代表Excel中的一個工作表。可以通過Worksheet物件訪問工作表的屬性和方法，例如設定儲存格的值、格式設定、插入刪除行列等。
4. Range物件：代表Excel中的一個儲存格範圍。可以通過Range物件訪問儲存格範圍的屬性和方法，例如讀寫儲存格的值、合併儲存格、設定儲存格的格式等。
5. Chart物件：代表Excel中的一個圖表。可以通過Chart物件訪問圖表的屬性和方法，例如設定圖表的資料範圍、圖表的類型、樣式設定等。
6. PivotTable物件：代表Excel中的一個樞紐分析表。可以通過PivotTable物件訪問樞紐分析表的屬性和方法，例如設定樞紐分析表的原始資料範圍、欄位配置、篩選設定等。

☆ Worksheet 物件的屬性

Worksheet 物件可以使用屬性取得每一列、每一欄（行）或每一個 Excel 儲存格，其回傳的資料就是一個 Range 物件，如下表所示：

屬性	說明
Rows	Rows 屬性代表工作表的一整列
Columns	Columns 屬性代表工作表的一整欄（行）
Cells	Cells 屬性代表工作表上的所有儲存格

☆ 在 VBA 程式碼使用 Worksheets 物件

VBA 程式碼的 Workbooks 物件代表 Excel 開啟的所有活頁簿（Excel 能夠同時開啟多個 Excel 檔案的活頁簿），Worksheets 物件代表此活頁簿的所有工作表（一個 Excel 活頁簿可以擁有多個工作表）。

因為本章的 VBA 程式碼都是在處理目前作用中的活頁簿，所以並不需指明 Workbook，只需使用 Worksheets 物件。利用 Count 屬性可以取得共有幾個工作表，如下所示：

```
Worksheets.Count
```

對於 Worksheets 物件中指定的工作表，可以使用索引編號（從 1 開始）或工作表名稱來指定處理的是哪一個工作表，如下所示：

```
Worksheets(1).Visible = False
Worksheets("工作表1").Visible = False
```

上述程式碼可以隱藏工作表，因為 Visible 屬性值是 False。我們也可以使用 Sheets 物件來取得 Worksheet 物件，如下所示：

```
Sheets(1).Visible = False
Sheets("工作表1").Visible = False
```

在取得指定的工作表物件後，就可以使用 Name 屬性取得工作表名稱，如下所示：

```
Worksheets(1).Name
```

Excel VBA 的 ActiveSheet 物件代表目前作用中的工作表，也可以使用 Activate() 方法來切換工作表成為目前作用中的工作表，如下所示：

```
Worksheets(1).Activate
```

2-1-2 使用 Range 物件和 Cells 屬性定位儲存格

在 VBA 程式碼可以使用 Range 物件定位工作表中的單一儲存格或儲存格範圍，或使用 Worksheet 物件的 Cells 屬性來定位儲存格。

☆ 使用 Range 物件定位儲存格　　　　　　　　　　ch2-1-2.xlsm

Range 物件的參數可以指定單一儲存格，例如："A1" 儲存格，如下所示：

```
Sheets(1).Range("A1").Value = "Hello"
```

上述程式碼可以將 "A1" 儲存格的值指定成 "Hello" 字串，要清除儲存格內容就是指定成空字串，或呼叫 Clear() 方法，如下所示：

```
Sheets(1).Range("A1").Value = ""
Sheets(1).Range("A1").Clear
```

在 Range 物件的參數也可以是一個連續的儲存格範圍，如下所示：

```
Sheets(1).Range("B1:B5").Value = 5
```

上述程式碼使用「:」符號指定範圍是 "B1"~"B5" 儲存格，可以將這些儲存格的值都指定為 5，這是同一行（欄）的連續儲存格。如果是整行（欄）儲存格，可以直接使用 Columns 屬性，如下所示：

```
Sheets(1).Columns(3).Value = 5
```

上述程式碼將第 3 行（欄）的值都指定成 5。Range 物件的範圍也可以是同一列的連續儲存格，如下所示：

```
Sheets(1).Range("A6:D6").Value = 15
```

上述程式碼的範圍是第 6 列的連續儲存格。如果是整列儲存格，可以使用 Rows 屬性，如下所示：

```
Sheets(1).Rows(7).Value = 50
```

上述程式碼將第 7 列的值都指定成 50。Range 物件的儲存格範圍也可以是不連續的多段儲存格，如下所示：

```
Sheets(1).Range("A1:A5,B3:C4").Value = 0
```

上述程式碼是使用「,」號分隔不連續的多段儲存格範圍。

☆ 使用 Cells 屬性定位儲存格 　　　　　　　　　　　ch2-1-2a.xlsm

Worksheet 物件的 Cells 屬性可以使用行和列索引編號來定位儲存格（索引是從 1 開始），如下所示：

```
Sheets(1).Cells(2, 4).Value = 5
Sheets(1).Cells(4, 2).Value = 10
```

上述程式碼依序指定第 2 列和第 4 行（欄）的儲存格值是 5（D2 儲存格），第 4 列和第 2 行（欄）的儲存格值是 10（B4 儲存格）。

2-1-3　VBA 語言的 With/End With 程式敘述

VBA 語言的 With/End With 程式敘述是指定物件屬性和呼叫方法的簡化語法。我們可以詢問 ChatGPT 什麼是 With/End With 程式敘述。詳細的問題描述（ch2-1-3.txt），如下所示：

Q 你是VBA程式專家，請使用繁體中文說明什麼是With/End With語法？

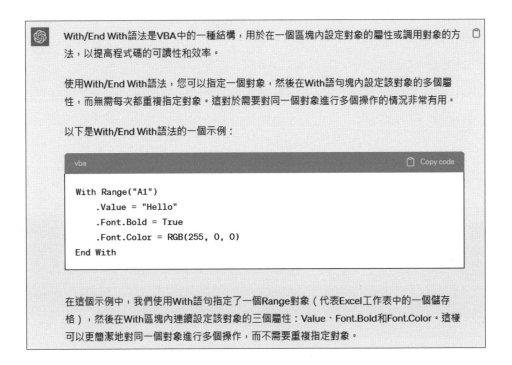

With/End With語法是VBA中的一種結構，用於在一個區塊內設定對象的屬性或調用對象的方法，以提高程式碼的可讀性和效率。

使用With/End With語法，您可以指定一個對象，然後在With語句塊內設定該對象的多個屬性，而無需每次都重複指定對象。這對於需要對同一個對象進行多個操作的情況非常有用。

以下是With/End With語法的一個示例：

```vba
With Range("A1")
    .Value = "Hello"
    .Font.Bold = True
    .Font.Color = RGB(255, 0, 0)
End With
```

在這個示例中，我們使用With語句指定了一個Range對象（代表Excel工作表中的一個儲存格），然後在With區塊內連續設定該對象的三個屬性：Value、Font.Bold和Font.Color。這樣可以更簡潔地對同一個對象進行多個操作，而不需要重複指定對象。

上述 ChatGPT 寫出的 VBA 程式是以 Range 物件為例，如下所示：

```
With Range("A1")
    .Value = "Hello"
    .Font.Bold = True
    .Font.Color = RGB(255, 0, 0)
End With
```

上述 With 關鍵字後是目標的 Range 物件，在程式區塊使用「.」號依序指定 Value、Font.Bold 和 Font.Color 屬性值。同理，我們也可以使用「.」號來呼叫方法。例如：Select() 方法可以選取儲存格，如下所示：

```
With Range("B1")
    .Value = "World!"
    .Font.Bold = True
    .Font.Color = RGB(0, 255, 0)
    .Select
End With
```

　　請點選程式框右上方的 Copy code，可以複製程式碼至剪貼簿，然後貼至 Excel 檔案 ch2-1-3_gpt.xlsm 檔案來測試執行，可以看到 "A1" 儲存格的格式改為紅色的粗體字，"B1" 儲存格的 VBA 程式碼是筆者自行加上的程式碼，可以改為綠色粗體字且選取此儲存格，如下圖所示：

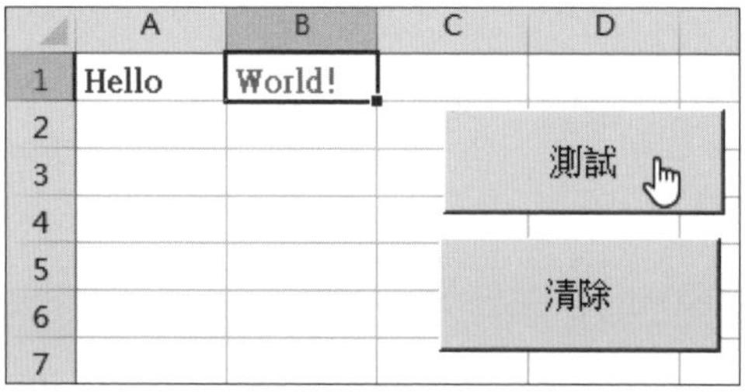

	A	B	C	D
1	Hello	World!		
2				測試
3				
4				
5				清除
6				
7				

　　因為 VBA 程式碼有更改儲存格樣式，所以按**清除**鈕是呼叫 Clear() 方法來清除儲存格內容，如下所示：

```
Sheets(1).Range("A1:B1").Clear
```

2-2 自動化建立 Excel 工作表的資料

在 Excel 開啟空白的活頁簿後，我們就可以自行使用 VBA 程式碼來建立工作表的內容。

☆ 使用 VBA 二維陣列建立 Excel 工作表   ch2-2.xlsm

對於現成的表格資料，例如：記錄 2 位學員教育訓練測驗成績的表格，如下所示：

姓名	國文	英文
陳會安	89	76
江小魚	78	90

上述表格可以儲存成 VBA 二維陣列，每一個元素是另一個 Array 物件，如下所示：

```
Records = Array(Array("姓名", "國文", "英文"), _
                Array("陳會安", 89, 76), _
                Array("江小魚", 78, 90))
```

上述程式碼是用 Array 物件來建立二維陣列，在括號中使用「,」號分隔多個 Array 物件，即每一筆記錄。VBA 程式就是使用二層迴圈走訪上述陣列來將表格資料轉換成 Excel 工作表的儲存格資料。

VBA 程式碼首先宣告相關變數，records 變數是欲新增的上述表格資料，如下所示：

```
Dim Records As Variant
Dim item As Variant
Dim row As Integer
Dim col As Integer
```

🔽

```
Records = Array(Array("姓名", "國文", "英文"), _
                Array("陳會安", 89, 76), _
                Array("江小魚", 78, 90))

row = 1
For Each item In Records
    col = 1
    For Each subItem In item
        Sheets(1).Cells(row, col).Value = subItem
        col = col + 1
    Next subItem
    row = row + 1
Next item
```

上述外層 For Each/Next 迴圈走訪每一筆記錄，然後在內層 For Each/ Next 迴圈將記錄的欄位新增至每一列，其執行結果可以建立 Excel 工作表的資料，如下圖所示：

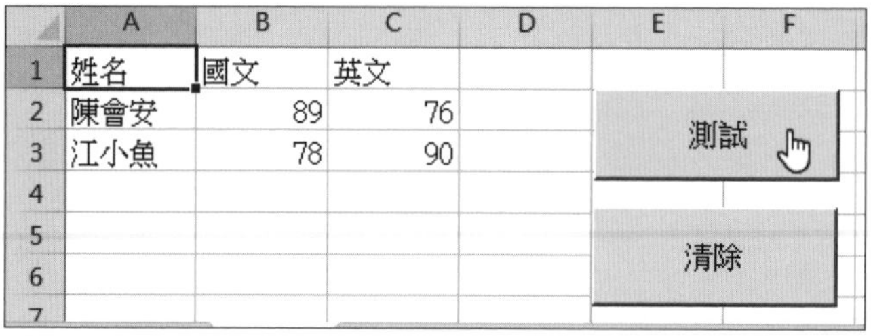

☆ 取得 Excel 工作表的資訊　ch2-2a.xlsm

Excel 工作表事實上是一張很大的工作表，而工作表資訊，主要是指有使用儲存格的範圍資料，我們可以使用 UsedRange 物件（回傳的是有資料的 Range 物件）來取得有資料儲存格範圍的最小列索引、最小欄索引、最大列索引和最大欄索引，首先使用 ActiveSheet 物件取得目前作用中的 Worksheet 工作表物件，如下所示：

```
Dim ws As Worksheet
Dim minCol, maxCol, minRow, maxRow As Integer

Set ws = ActiveSheet

minCol = ws.UsedRange.Column
maxCol = ws.UsedRange.Column + ws.UsedRange.Columns.Count - 1
minRow = ws.UsedRange.row
maxRow = ws.UsedRange.row + ws.UsedRange.Rows.Count - 1
```

上述程式碼使用 UsedRange 物件的 Column 屬性取得最小欄索引，Columns 屬性取得有使用欄的集合物件，然後使用 Count 屬性取得共有幾欄，即可計算出最大欄索引。

同理，row 屬性可以取得最小列索引，Rows 屬性取得有使用列的集合物件，即可使用 Count 屬性取得有幾列來計算出最大列索引。在下方是使用 MsgBox() 函數顯示有使用工作表的相關資訊，如下所示：

```
' 顯示工作表相關資訊
MsgBox ("工作表名稱: " & ws.Name & vbCrLf & _
       "最小欄索引: " & minCol & vbCrLf & _
       "最大欄索引: " & maxCol & vbCrLf & _
       "最小列索引: " & minRow & vbCrLf & _
       "最大列索引: " & maxRow & vbCrLf & _
       "工作表尺寸: " & ws.UsedRange.Address)
```

上述 Name 屬性是工作表名稱，最後的 Address 是使用 "$" 符號表示儲存格範圍絕對定位的參考位置，其執行結果如右圖所示：

2-3 自動化讀取、更新與走訪 Excel 儲存格資料

我們可以自行建立 Excel VBA 程式來顯示 Excel 工作表的每一列、每一欄、指定範圍和編輯儲存格資料。

2-3-1 在 Excel 儲存格寫入和更改資料

Excel 工作表如同二維陣列，VBA 程式碼可以使用欄列組合字串，或列欄索引來定位儲存格，共有 2 種方式，如下所示：

◆ 方法一：使用 Range 物件的欄列組合字串定位儲存格，例如："A1" 的 A 是欄；1 是列。

◆ 方法二：使用 Cells 屬性，使用列欄索引來定位儲存格，例如：Cells (4, 2)，請注意！第 1 個是列索引；第 2 個是欄索引。

☆ 在 Excel 工作表寫入整欄的儲存格資料　　　　ch2-3-1.xlsm

在 VBA 程式可以使用方法一，在 Excel 工作表的最後新增一整欄學員的數學成績，ActiveSheet 物件是目前作用中的工作表，如下所示：

```
ActiveSheet.Range("D1").Value = "數學"
ActiveSheet.Range("D2").Value = 80
ActiveSheet.Range("D3").Value = 76
```

上述程式碼使用 Range 物件，以欄列組合字串，"D1"、"D2" 和 "D3" 定位儲存格，可以建立整個 "D" 欄的儲存格資料，其執行結果如右圖所示：

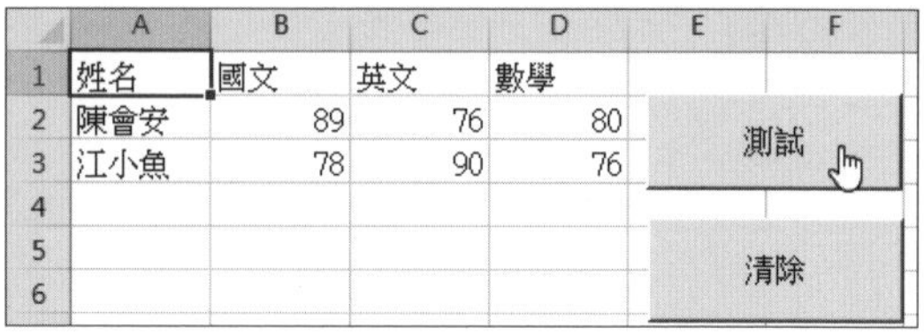

☆ 在 Excel 工作表寫入整列的儲存格資料　　ch2-3-1a.xlsm

　　在 VBA 程式使用方法二，配合 VBA 陣列在 Excel 工作表的最後新增一位學員的整列成績資料，首先建立 3 科成績的 Scores 陣列，如下所示：

```
Dim Scores As Variant
Dim i As Integer

Scores = Array(65, 66, 55)

ActiveSheet.Range("A4").Value = "王陽明"
For i = 0 To 2
    ActiveSheet.Cells(4, i + 2).Value = Scores(i)
Next i
```

　　上述程式碼使用 Range 物件指定 "A4" 儲存格的資料，在 For/Next 迴圈依序指定 "B4"~"D4" 儲存格的成績資料，使用的是 Cells 屬性，如下所示：

```
ActiveSheet.Cells(4, i + 2).Value = Scores(i)
```

　　上述 Cells 屬性的第 1 個參數 4 是第 4 列，第 2 個參數是從第 2 欄開始，所以陣列索引加 2，即可指定 Values 屬性值是對應的 Scores 陣列元素值。其執行結果可以看到新增整列學員的成績資料，如下圖所示：

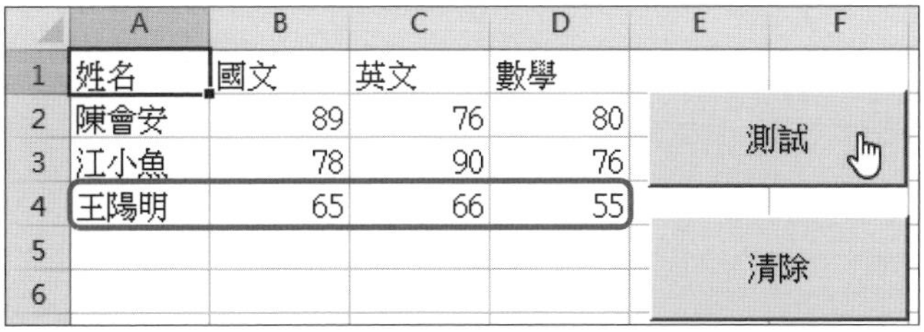

☆ 更改指定 Excel 儲存格的資料

ch2-3-1b.xlsm

VBA 程式分別使用二種方法來更改學員王陽明的國文成績是 75，數學成績是 66，最後將學員陳會安的數學成績改成 82，如下所示：

```
Range("B4").Value = 75
Range("D4").Value = 66
Cells(2, 4).Value = 82
```

上述程式碼因為修改的是目前作用中的工作表，所以省略 ActiveSheet 物件，直接使用 Range 物件，首先使用方法一定位儲存格後，更改學員王陽明的國文和數學成績，然後使用方法二更改學員陳會安的數學成績，Cells 屬性的參數是列和欄的索引值（從 1 開始），其執行結果如下圖所示：

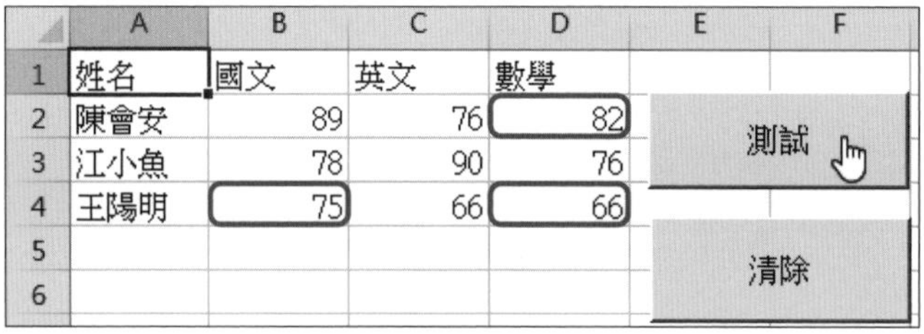

A B C D E F
1 姓名 國文 英文 數學
2 陳會安 89 76 82
3 江小魚 78 90 76
4 王陽明 75 66 66
5
6
測試
清除

☆ 使用剪貼簿取得和更改儲存格資料

ch2-3-1c.xlsm

如果更改的儲存格資料就是其他儲存格的值，我們可以透過剪貼簿功能來取得和更改儲存格值。首先在 Range 物件定位 "D3" 儲存格後，呼叫 Select() 方法選取此儲存格，即學員江小魚的數學成績，然後呼叫 Selection 物件的 Copy() 方法複製選取儲存格的值，Selection 物件就是選取的儲存格，如下所示：

```
Range("D3").Select
Selection.Copy
Range("C4").Select
ActiveSheet.Paste
```

上述程式碼再次呼叫 Select() 方法選取儲存格 "C4" 學員王陽明的英文成績，就可以呼叫 ActiveSheet 物件的 Paste() 方法貼上之前複製的儲存格資料，即可取代王陽明的英文成績，其執行結果如下圖所示：

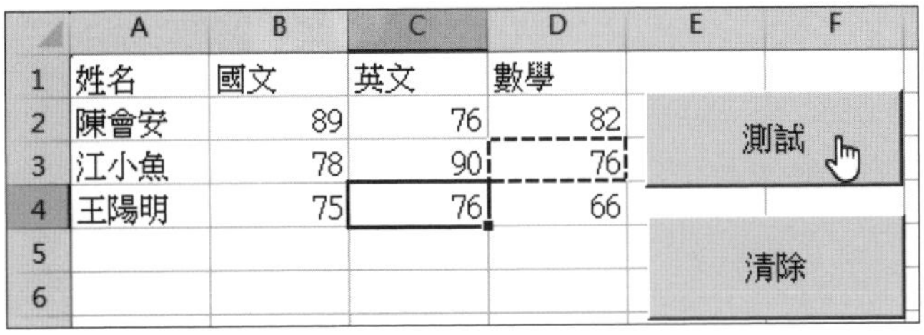

	A	B	C	D	E	F
1	姓名	國文	英文	數學		
2	陳會安	89	76	82	測試	
3	江小魚	78	90	76		
4	王陽明	75	76	66		
5					清除	
6						

2-3-2 讀取 Excel 儲存格的資料

在 VBA 程式只需使用與第 2-3-1 節的 2 種方法來定位儲存格，就可以讀取指定儲存格的資料。

☆ 讀取指定 Excel 儲存格的資料　　　　　　ch2-3-2.xlsm

VBA 程式碼 Sheets(" 工作表 1") 是使用工作表名稱取得 ws 物件，" 工作表 1" 就是工作表名稱字串，然後讀取指定位置的 4 個儲存格的值，如下所示：

```
Dim ws As Worksheet
Dim v1, v2, v3, v4 As Variant

Set ws = Sheets("工作表1")

v1 = ws.Range("A1").Value
v2 = ws.Range("B2").Value
v3 = ws.Cells(3, 3).Value
v4 = ws.Cells(3, 4).Value
MsgBox ("A1儲存格: " & v1 & vbCrLf & _
        "B2儲存格: " & v2 & vbCrLf & _
        "C3儲存格: " & v3 & vbCrLf & _
        "D3儲存格: " & v4)
```

上述程式碼的 "A1" 是定位第 1 列的第 1 欄；"B2" 是第 2 列的第 2 欄儲存格，然後使用 Value 屬性取得儲存格值，接著改用 Cells 屬性的參數來定位 "C3" 和 "D3" 儲存格，其執行結果如右圖所示：

☆ 讀取多個 Excel 儲存格資料

ch2-3-2a.xlsm

在 VBA 程式可以使用 Range 物件定位一個儲存格範圍，如此就可以讀取多個 Excel 儲存格的表格資料，如下所示：

```
Dim rng As Range
Dim cell As Range

Set rng = Range("A1:D3")

For Each cell In rng
    Debug.Print cell.Value & " ";
Next cell
```

上述 Range("A1:D3") 是儲存格範圍，在取得此範圍後，使用 For Each/Next 迴圈來顯示每一個儲存格的值，因為是呼叫 Debug.Print() 方法，其執行結果是顯示在即時運算視窗，如下圖所示：

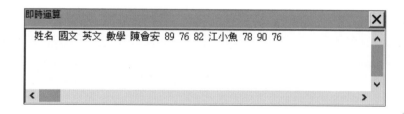

2-3-3 走訪顯示每一列和每一欄的儲存格資料

Excel 工作表就是一個表格資料，VBA 程式可以使用 For/Next 或 For Each/Next 迴圈來走訪顯示每一列或每一欄的儲存格資料。

☆ 顯示工作表每一列的儲存格值   `ch2-3-3.xlsm`

VBA 程式是使用 ActiveSheet 物件取得目前作用中 Worksheet 工作表物件 ws 後，使用 usedRange 屬性取得 UsedRange 物件的有使用範圍，即可顯示每一列的儲存格值，如下所示：

```
Dim ws As Worksheet
Dim usedRange As Range
Dim row As Range
Dim cell As Range

Set ws = ActiveSheet
Set usedRange = ws.usedRange

For Each row In usedRange.Rows
   For Each cell In row.Cells
      Debug.Print cell.Value & vbTab;
   Next cell
   Debug.Print
Next row
```

上述二層 For Each/Next 迴圈的外層迴圈是使用 Rows 屬性走訪工作表的每一列；在內層 For Each/Next 迴圈是使用 Cells 屬性走訪此列的每一個儲存格（欄）來顯示儲存格值，並且使用 vbTab 常數的 Tab 鍵來分隔資料，其執行結果如下圖所示：

☆ 顯示工作表每一欄的儲存格值

VBA 程式在使用 ActiveSheet 物件取得目前作用中 Worksheet 工作表物件 ws 後，使用 usedRange 屬性取得 UsedRange 物件的有使用範圍，即可顯示每一欄的儲存格值，如下所示：

```
Dim ws As Worksheet
Dim usedRange As Range
Dim col As Range
Dim cell As Range

Set ws = ActiveSheet
Set usedRange = ws.usedRange

For Each col In usedRange.Columns
    For Each cell In col.Cells
        Debug.Print cell.Value & vbTab;
    Next cell
    Debug.Print
Next col
```

上述二層 For Each/Next 迴圈的外層是使用 Columns 屬性來走訪工作表的每一欄；在內層走訪此欄的每一儲存格（列）來顯示儲存格值，其執行結果如下圖所示：

☆ 顯示工作表的所有資料

VBA 程式的 Range 物件或 UsedRange 物件都可以使用 Value 屬性來取得此範圍儲存格的表格資料，這是一維或二維陣列，我們可以使用 For/Next 迴圈來走訪陣列顯示儲存格的值，如下所示：

```
Dim ws As Worksheet
Dim usedRange As Range
Dim data As Variant
Dim i, j As Integer
Dim output As String

Set ws = ActiveSheet
Set usedRange = ws.usedRange
data = usedRange.Value
```

上述程式碼使用 usedRange 屬性來取得有資料的儲存格範圍，這是表格資料，然後使用 Value 屬性取得表格資料的二維陣列，即可在下方使用 2 層 For/Next 迴圈來走訪顯示二維陣列值，如下所示：

```
For i = LBound(data, 1) To UBound(data, 1)
    For j = LBound(data, 2) To UBound(data, 2)
        output = output & data(i, j) & vbTab
    Next j
    output = output & vbNewLine
Next i

MsgBox (output)
```

上述外層 For/Next 迴圈是使用 LBound() 和 UBound() 函數來取得第一維的索引值範圍，所以第 2 個參數值是 1，內層 For/Next 迴圈也是使用 LBound() 和 UBound() 函數來取得第二維的索引值範圍，所以第 2 個參數值是 2，即可使用 data(i, j) 取得二維陣列的元素值，最後使用 MsgBox() 訊息視窗來顯示執行結果，如下圖所示：

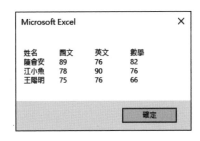

Excel VBA 可以使用 Rows 屬性取得指定列後，呼叫 Insert() 或 Delete() 方法來新增或刪除一整列儲存格資料，如下所示：

```
ActiveSheet.Rows(3).Insert Shift:=xlDown
ActiveSheet.Rows(3).Delete
```

上述 Insert() 方法的 Shift 參數是位移方向，xlDown 常數是向下位移，所以是插入一列空白列成為第 3 列（xlUp 常數是向上位移），Delete() 方法是刪除第 3 列。

在 Excel 檔案 ch2-3-4.xlsm 有 2 個按鈕，按下第 1 個按鈕可以新增第 3 列空白列；第 2 個按鈕可以刪除第 3 列，如下圖所示：

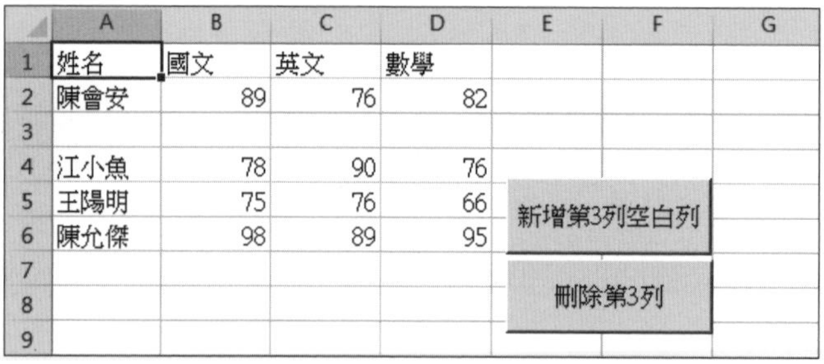

	A	B	C	D	E	F	G
1	姓名	國文	英文	數學			
2	陳會安	89	76	82			
3							
4	江小魚	78	90	76			
5	王陽明	75	76	66	新增第3列空白列		
6	陳允傑	98	89	95			
7					刪除第3列		
8							
9							

2-4 自動化 Excel 工作表管理

Excel 活頁簿可以使用 VBA 程式碼來新增、插入、切換、更名和刪除 Excel 工作表。

☆ 在 Excel 活頁簿新增工作表   ch2-4.xlsm

VBA 程式可以使用 Worksheet 物件的 Add() 方法來新增工作表，我們準備使用二維陣列資料來新增一個名為 "C 班 " 的工作表，如下所示：

```
Dim ws As Worksheet
Dim Records() As Variant
Dim item As Variant
Dim i As Integer

Set ws = Sheets.Add(After:=Sheets(Sheets.Count))
ws.Name = "C班"
```

上述程式碼呼叫 Add() 方法新增工作表，如果沒有 After 參數，就是新增成為第 1 個工作表，After 參數指定新增在參數值的工作表之後，參數值 Sheets.Count 就是新增成為最後一個工作表，並且預設成為目前作用中的工作表。在下方是工作表內容的二維陣列，如下所示：

```
Records = Array(Array("姓名", "國文", "英文"), _
                Array("張三", 78, 66), _
                Array("李四", 88, 85))

For i = LBound(Records) To UBound(Records)
    item = Records(i)
    ws.Cells(i + 1, 1).Resize(1, UBound(item) - LBound(item) + 1) _
                        .Value = item
Next i
```

上述 For/Next 迴圈只有一層，在取出一維陣列的元素（每一個元素是一個一維陣列）後，使用 Resize() 方法直接指定多欄儲存格的值。我們可以直接詢問 ChatGPT 什麼是 Resize() 方法，其詳細的問題描述（ch2-4.txt），在第 2 列指明 Row 是列；Column 是行，以避免回答成中國大陸的行列用法，如下所示：

你是VBA專家，請使用繁體中文說明VBA的Cells().Resize()方法是什麼？

Row是列；Column是行。

在 VBA 中，Cells().Resize() 方法用於設定儲存格範圍的大小。

Cells() 方法用於指定特定儲存格的位置。它需要兩個參數，分別是列號和行號，以表示目標儲存格的位置。例如，Cells(1, 1) 表示第一列第一行的儲存格。

Resize() 方法則用於調整儲存格範圍的大小。它需要兩個參數，分別是調整後的列數和行數。這個方法會返回一個新的範圍，其大小與原始範圍相同，但列數和行數會根據提供的參數進行調整。

回到前述 VBA 程式碼，Resize() 方法的第 1 個參數是 1，即調整成 1 列，第 2 個參數是一維陣列尺寸的欄數，所以 Value 屬性值就是直接將整個一維陣列元素填入調整過尺寸的多欄儲存格，如下所示：

```
ws.Cells(i + 1, 1).Resize(1, UBound(item) - LBound(item) + 1)
```

最後，使用工作表名稱切換目前作用中的工作表為 " 工作表 1"：

```
Worksheets("工作表1").Activate
```

Excel 檔案 ch2-4.xlsm 的執行結果請按新增工作表鈕，可以在工作表的最後新增一個名為 "C 班 " 的工作表，如右圖所示：

☆ 在 Excel 活頁簿插入新工作表　　ch2-4a.xlsm

Worksheet 物件的 Add() 方法可以使用參數來指定工作表的插入位置，在 ch2-4.xlsm 是新增至最後，這一節是插入至目前作用中的工作表之後，如下所示：

```
...
Set ws = Sheets.Add(After:=Sheets("工作表1"))
ws.Name = "B班"


Records = Array(Array("姓名", "國文", "英文"), _
                Array("王美麗", 68, 55))


For i = LBound(Records) To UBound(Records)
    item = Records(i)
    ws.Cells(i + 1, 1).Resize(1, UBound(item) - LBound(item) + 1) _
                .Value = item
Next i
```

上述程式碼是將新增的工作表插入在 " 工作表 1" 之後，成為第 2 頁工作表，按插入工作表鈕，其執行結果會插入工作表 "B 班 "，如下圖所示：

☆ 更名 Excel 工作表

ch2-4b.xlsm

VBA 程式可以使用 Worksheet 物件的 Name 屬性來更改 Excel 工作表名稱。我們準備將第 1 個工作表的預設名稱工作表 1，更名成 A 班，並且加上例外處理，可以檢查當工作表 1 工作表存在時，才進行工作表的更名，如下所示：

```
Dim ws As Worksheet
On Error Resume Next

Set ws = Sheets("工作表1")
On Error GoTo 0

If Not ws Is Nothing Then
    Worksheets("工作表1").Name = "A班"
End If
```

上述 2 列 On Error 程式敘述是 VBA 例外處理（例外處理是指我們可以使用 VBA 程式碼處理的錯誤），If 條件敘述判斷工作表不是 Nothing 時（即存在），就使用 Name 屬性來更改工作表名稱，其執行結果可以看到工作表名稱已經更改，如下圖所示：

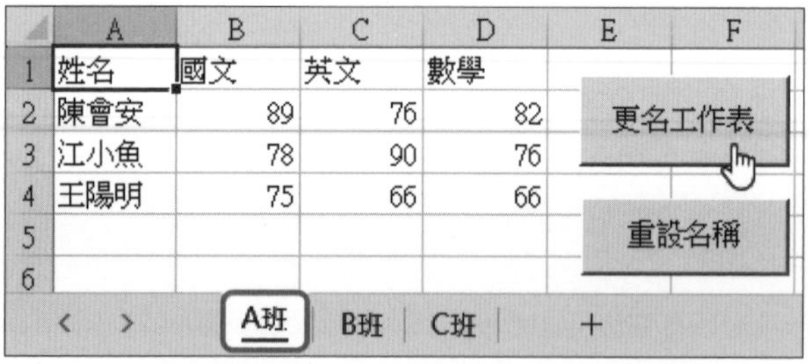

☆ 顯示活頁簿的工作表名稱清單　　ch2-4c.xlsm

VBA 程式在使用 Worksheets 取得工作表的集合物件後，就可以使用 Count 屬性取得 Excel 活頁簿中的工作表數，然後使用 For Each/Next 迴圈走訪集合物件，顯示每一個工作表的名稱，如下所示：

```
Dim ws As Worksheet
Dim sheetName As String

Debug.Print ("工作表數 = " & Worksheets.Count)

For Each ws In Worksheets
    sheetName = ws.Name
    Debug.Print (sheetName & vbTab);
Next ws
```

上述程式碼首先使用 Count 屬性取得工作表數，然後使用 For Each/Next 迴圈一一取出和顯示工作表的名稱，其執行結果如下所示：

☆ 切換作用中的 Excel 工作表　　ch2-4d.xlsm

VBA 程式可以使用 ActiveSheet 物件取得目前作用中的 Excel 工作表，如下所示：

```
Dim ws As Worksheet
Set ws = ActiveSheet
Debug.Print ("目前工作表名稱: " & ws.Name)
```

上述程式碼使用 ActiveSheet 物件取得目前作用中的工作表，即第一個 A 班工作表。然後指定工作表索引來切換目前作用中的工作表，如下所示：

```
Sheets(2).Activate
Set ws = ActiveSheet
Debug.Print ("目前工作表名稱: " & ws.Name)
```

上述程式碼使用 Sheets(2).Activate 方法切換目前作用中的工作表，參數值 2，就是第 2 個工作表（索引值是從 1 開始）。然後使用工作表名稱來切換 C 班成為目前作用中的工作表，如下所示：

```
Sheets("C班").Activate
Set ws = ActiveSheet
Debug.Print ("目前工作表名稱: " & ws.Name)

Worksheets(1).Activate
```

上述程式碼的最後再使用 Worksheets(1).Activate 方法切換作用中的工作表是第 1 個工作表，即 A 班工作表，其執行結果如下所示：

☆ 刪除 Excel 工作表　　　　　　　　　　　　　　ch2-4e.xlsm

在 Excel 檔案 ch2-4.xlsm 已經有刪除工作表的按鈕 2_Click() 事件處理程序，如下所示：

```
Dim ws As Worksheet

On Error Resume Next
```

```
Set ws = Sheets("C班")
On Error GoTo 0
```

上述程式碼使用 Sheets("C 班 ") 取得欲刪除的工作表，然後是 VBA 例外處理敘述的 On Error，在下方使用 If/Else 條件敘述判斷工作表 "C 班 " 是否存在，如下所示：

```
If Not ws Is Nothing Then
    Application.DisplayAlerts = False ' 禁用警告訊息
    ws.Delete
    Application.DisplayAlerts = True  ' 啟用警告訊息
    MsgBox ("成功刪除名為""C班""的工作表。")
Else
    MsgBox ("找不到名為""C班""的工作表。")
End If
```

上述程式碼當工作表存在時，就呼叫 Delete() 方法刪除 C 班工作表，在刪除前先關閉警告訊息，刪除後再啟用，其執行結果可以看到此工作表已經刪除的訊息視窗，如下圖所示：

在實作 Excel VBA 自動化時，我們常常有些操作會一直重複處理，此時，可以將這些重複操作建立成 VBA 函數或程序，自行打造出你自己的自動化工具箱，ChatGPT 就是你最佳的程式設計助手。

☆ 檢查 Excel 檔案是否存在　　　　　　　　　　　　　ch2-5_gpt.xlsm

在執行 Excel VBA 自動化時，我們常常需要開啟其他 Excel 檔案，所以第一步就是檢查開啟的 Excel 檔案是否存在，我們可以請 ChatGPT 幫助我們寫一個 VBA 函數來檢查指定路徑下的 Excel 檔案是否存在，其詳細的問題和功能描述（ch2-5.txt），如下所示：

> Q　你是VBA程式專家，請寫一個VBA函數CheckExcelFile()，並且加上繁體中文的註解文字，函數的參數是.xlsm檔案路徑，可以檢查檔案是否存在，存在回傳True；如果檔案不存在，就回傳False。

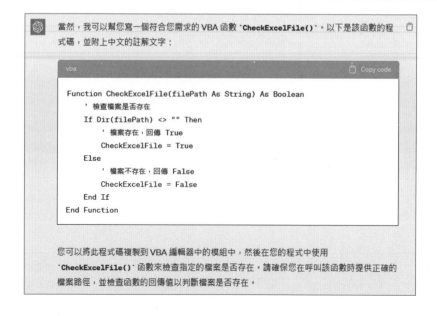

當然，我可以幫您寫一個符合您需求的 VBA 函數 `CheckExcelFile()`。以下是該函數的程式碼，並附上中文的註解文字：

```vba
Function CheckExcelFile(filePath As String) As Boolean
    ' 檢查檔案是否存在
    If Dir(filePath) <> "" Then
        ' 檔案存在，回傳 True
        CheckExcelFile = True
    Else
        ' 檔案不存在，回傳 False
        CheckExcelFile = False
    End If
End Function
```

您可以將此程式碼複製到 VBA 編輯器中的模組中，然後在您的程式中使用 `CheckExcelFile()` 函數來檢查指定的檔案是否存在。請確保您在呼叫該函數時提供正確的檔案路徑，並檢查函數的回傳值以判斷檔案是否存在。

上述 ChatGPT 寫出的 VBA 函數是呼叫 Dir() 函數來檢查檔案是否存在，呼叫此函數需要使用完整的檔案路徑，如下所示：

```
MsgBox (CheckExcelFile(Application.ActiveWorkbook.Path & _
                       "\ch2-3-1b.xlsm"))
```

☆ 檢查 Excel 工作表是否存在   ch2-5a_gpt.xlsm

在執行 Excel 工作表自動化時，在操作前需要先檢查指定的工作表是否存在，ChatGPT 可以幫助我們寫一個 VBA 函數來檢查指定工作表是否存在，其詳細的問題和功能描述（ch2-5a.txt），如下所示：

> Q 你是VBA程式專家，請寫一個VBA函數CheckWorksheet()，並且加上繁體中文的註解文字，函數的參數是Excel工作表名稱，可以檢查Excel活頁簿是否有此工作表，存在回傳True；不存在，就回傳False。

```vba
Function CheckWorksheet(ByVal sheetName As String) As Boolean
    Dim ws As Worksheet
    Dim isExists As Boolean

    ' 預設為不存在
    isExists = False

    ' 使用 On Error Resume Next，以處理找不到工作表時的例外狀況
    On Error Resume Next

    ' 嘗試取得指定名稱的工作表
    Set ws = ThisWorkbook.Sheets(sheetName)

    ' 如果沒有發生例外，代表工作表存在
    If Not ws Is Nothing Then
        isExists = True
    End If

    ' 還原例外處理
    On Error GoTo 0

    ' 回傳結果
    CheckWorksheet = isExists
End Function
```

上述 ChatGPT 寫出的 VBA 函數是使用 If 條件敘述判斷是否有產生例外，如果沒有產生例外，即工作表不是 Nothing，表示 Excel 工作表存在，如下所示：

```
Set ws = ThisWorkbook.Sheets(sheetName)
If Not ws Is Nothing Then
    isExists = True
End If
```

☆ 交換 2 個 Excel 工作表的順序 　　　　ch2-5b_gpt.xlsm

當 Excel 活頁簿擁有多個工作表時，我們可能需要調整工作表的順序，此時，可以請 ChatGPT 幫助我們寫一個 VBA 程序來交換參數的工作表順序，其詳細的問題和功能描述（ch2-5b.txt），如下所示：

> **Q** 你是VBA程式專家，請寫一個VBA程序SwapWorksheet()，並且加上繁體中文的註解文字，程序擁有2個參數的Excel工作表名稱字串，可以交換這2個工作表的順序。

```vba
Sub SwapWorksheet(ByVal sheetName1 As String, ByVal sheetName2 As String)
    Dim sheet1 As Worksheet
    Dim sheet2 As Worksheet
    Dim index1 As Long
    Dim index2 As Long

    ' 檢查工作表是否存在
    On Error Resume Next
    Set sheet1 = ThisWorkbook.Worksheets(sheetName1)
    Set sheet2 = ThisWorkbook.Worksheets(sheetName2)
    On Error GoTo 0

    If sheet1 Is Nothing Or sheet2 Is Nothing Then
        MsgBox "指定的工作表不存在，請檢查工作表名稱。", vbExclamation
        Exit Sub
    End If

    ' 獲取工作表的索引
    index1 = sheet1.Index
    index2 = sheet2.Index

    ' 交換工作表的順序
    sheet1.Move before:=ThisWorkbook.Worksheets(index2)
    sheet2.Move before:=ThisWorkbook.Worksheets(index1)
End Sub
```

上述 ChatGPT 寫出的 VBA 程序，是使用 Move() 方法來調整工作表的順序。

☆ 交換 2 個 Excel 儲存格的值　　　　　ch2-5c_gpt.xlsm

我們可以讓 ChatGPT 幫助我們寫一個 VBA 程序，只需輸入來源和目的地的儲存格座標，即可交換來源和目的地的儲存格值，其詳細的問題和功能描述（ch2-5c.txt），如下所示：

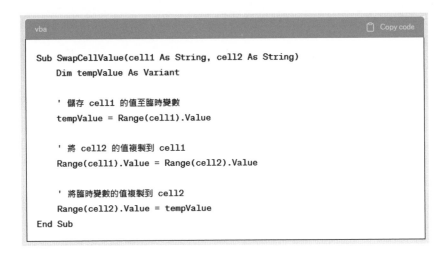

> **Q** 你是VBA程式專家，請寫一個VBA程序SwapCellValue()，並且加上繁體中文的註解文字，程序擁有2個參數的Excel儲存格座標字串，可以交換第1個參數和第2個參數的儲存格值。

```vba
Sub SwapCellValue(cell1 As String, cell2 As String)
    Dim tempValue As Variant

    ' 儲存 cell1 的值至臨時變數
    tempValue = Range(cell1).Value

    ' 將 cell2 的值複製到 cell1
    Range(cell1).Value = Range(cell2).Value

    ' 將臨時變數的值複製到 cell2
    Range(cell2).Value = tempValue
End Sub
```

上述 ChatGPT 寫出的 VBA 程序是使用 Range 物件取得 2 個儲存格的值後，交換這 2 個儲存格的值。在 Excel VBA 呼叫 SwapCellValue() 程序的範例，如下所示：

```
SwapCellValue "A1", "B2"
```

① 請簡單說明什麼是 Excel VBA 物件模型？

② 請啟動 Excel 建立 " 季業績資料 .xlsm" 檔案，然後撰寫 VBA 程式來建立工作表的內容，並且更名成業務部，請在工作表填入下列一月和二月份的業績資料，如下表所示：

月份	網路商店	實體店面
一月	35	25
二月	24	43

③ 請開啟學習評量 ② 的 Excel 檔案 " 季業績資料 .xlsm"，撰寫 VBA 程式來新增整欄業務直銷的業績資料：33、25。

④ 請開啟學習評量 ③ 的 Excel 檔案 " 季業績資料 .xlsm"，撰寫 VBA 程式來新增三月的業績資料：15、32、12。

⑤ 請開啟學習評量 ④ 的 Excel 檔案 " 季業績資料 .xlsm"，撰寫 VBA 程式來更改二月的網路商店業績是 26，業務直銷是 30，三月的實體店面改成 35。

⑥ 請使用 ChatGPT 建立 2 個 VBA 程序，可以分別走訪顯示 Excel 檔案 " 季業績資料 .xlsm" 的每一列和每一欄的儲存格資料。

ChatGPT × Excel VBA 自動化資料整理

3-1 自動化 Excel 活頁簿管理

Excel VBA 的 Workbooks 物件就是 Excel 試算表軟體所開啟的活頁簿檔案，如果 VBA 程式需要在多個 Excel 活頁簿來處理工作表的資料，我們就需要使用 Workbooks 物件。

當 Excel 軟體同時開啟多個活頁簿檔案時，我們可以使用 VBA 程式碼，以 Workbooks 物件來指定目前作用中的活頁簿，如下所示：

```
Workbooks(1).Activate
```

上述程式碼的索引 1 是活頁簿的索引編號，這是開啟或建立活頁簿的順序，Workbooks(1) 就是第一個開啟或建立的活頁簿。除了使用索引編號指明活頁簿外，也可以用 Excel 檔名，例如：指定 "test.xlsm" 活頁簿中的 " 工作表 1" 是目前作用中的工作表，如下所示：

```
Workbooks("test.xlsm").Worksheets("工作表1").Activate
```

在 VBA 程式碼可以使用 ActiveWorkbook 物件取得目前作用中的活頁簿；ThisWorkbook 物件則是執行 VBA 程式碼的活頁簿。

☆ 使用 VBA 程式開啟、新增和關閉 Excel 活頁簿　　ch3-1.xlsm

在 Excel 檔案 ch3-1.xlsm 共有 3 個按鈕，第 1 個按鈕的 VBA 程序是呼叫 Open() 方法，開啟指定 Excel 檔案路徑的活頁簿，如下所示：

```
Workbooks.Open (Application.ActiveWorkbook.Path & "\測驗成績.xlsm")
MsgBox ("活頁簿數: " & Workbooks.Count)
```

上述 Application.ActiveWorkbook.Path 是目前作用中活頁簿的路徑，即開啟和 ch3-1.xlsm 位在相同目錄的 " 測驗成績 .xlsm"，其執行結果可以顯示 Count 屬性值，即目前開啟的活頁簿數，共有 ch3-1.xlsm 和 " 測驗成績 .xlsm" 共 2 個，如下圖所示：

第 2 個按鈕的 VBA 程序是呼叫 Add() 方法，新增一個空白的 Workbook 物件，如下所示：

```
Dim wb As Workbook
Set wb = Workbooks.Add

MsgBox (wb.Name & " : " & Workbooks.Count)
```

上述程式碼使用 Name 屬性取得活頁簿名稱；Count 屬性取得共有幾個活頁簿，目前共有 VBA 程序、開啟和新增的 3 個活頁簿，如右圖所示：

第 3 個按鈕的 VBA 程序是呼叫 Close() 方法關閉所有開啟的 Excel 活頁簿和結束 Excel 軟體，首先關閉 DisplayAlerts 屬性的警告訊息：

```
Dim wb As Workbook

Application.DisplayAlerts = False

For Each wb In Workbooks
    If wb.Name <> "ch3-1.xlsm" Then
        wb.Close SaveChanges:=False
    End If
Next wb
```

```
Application.DisplayAlerts = True
Application.Quit
```

上述 For Each/Next 迴圈走訪所有 Workbook 物件，If 條件敘述判斷如果不是執行 VBA 程式的活頁簿，就呼叫 Close() 方法關閉活頁簿，SaveChanges 參數 False 是不儲存，最後開啟 DisplayAlerts 屬性的警告訊息後，呼叫 Quit() 方法結束 Excel 軟體的同時，就會關閉執行 VBA 程式的 Excel 活頁簿。

☆ 另存成一個全新的 Excel 活頁簿　　　　　　　ch3-1a.xlsm

Excel VBA 程式可以將目前的活頁簿內容另存成一個全新的 Excel 活頁簿，我們是直接修改第 2 章的 ch2-2.xlsm 成為 ch3-1a.xlsm，在工作表新增一個按鈕來另存 Excel 檔案，如下所示：

```
Dim wb As Workbook

Set wb = ThisWorkbook
wb.SaveAs Application.ActiveWorkbook.Path & "\測驗成績2.xlsm"
wb.Close
```

上述程式碼使用 ThisWorkbook 取得 VBA 程式的活頁簿，然後呼叫 SaveAs() 方法另存成一個活頁簿，Application.ActiveWorkbook.Path 取得目前作用中的活頁簿路徑，最後呼叫 Close() 方法關閉活頁簿。其執行結果按**另存活頁簿**鈕，可以另存成一個全新的 Excel 檔案 " 測驗成績 2.xlsm"，如下圖所示：

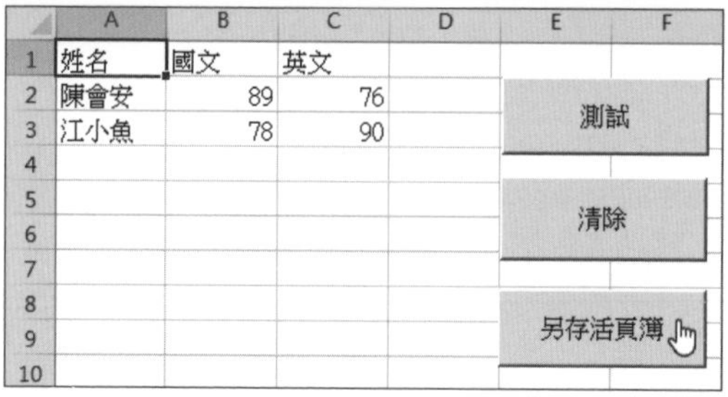

	A	B	C	D	E	F
1	姓名	國文	英文			
2	陳會安	89	76		測試	
3	江小魚	78	90			
4						
5					清除	
6						
7						
8					另存活頁簿	
9						
10						

3-2 使用 VBA 的正規表達式

「正規表達式」（Regular Expression）是一個範本字串用來進行字串比對，以便我們可以從目標字串取出符合範本的資料。

3-2-1 認識正規表達式

正規表達式的直譯器或稱為引擎能夠將定義的正規表達式範本字串和目標字串進行比對，回傳布林值 True，表示字串符合範本字串定義的範本；False 表示不符合。我們可以詢問 ChatGPT 什麼是正規表達式，詳細的問題描述（ch3-2-1.txt），如下所示：

 你是正規表達式專家，請使用繁體中文寫出什麼是正規表達式？

 正規表達式（Regular Expression）是一種強大的工具，用於對文字進行模式匹配和搜索。它是由一個特定的語法和符號組成的模式，用於描述我們希望匹配的字串特徵。

正規表達式可以用於各種不同的用途，包括文本處理、字串搜尋、格式驗證等。它可以幫助我們找到符合特定條件的字串，從而實現對文本的有效操作和轉換。

在正規表達式中，我們可以使用各種特殊字符和模式來表示字串的不同特徵，如字元類、重複次數、位置限定符等。這些模式可以組合在一起，形成更複雜的正規表達式，以實現更精確的匹配和搜索。

總結來說，正規表達式是一種用於模式匹配和搜索的工具，它提供了一種描述和檢索特定字串特徵的語法和符號系統。它在文本處理中非常有用，可以幫助我們高效地執行各種文字操作。

基本上，正規表達式的範本字串是使用英文字母、數字和一些特殊字元所組成，主要的元素是字元集和比對符號，如下所示：

上述範本字串的基本元素說明，如下所示：

◆ 字元集：定義字串中出現哪些字元。

◆ 比對符號：決定字元集需如何進行比對，通常是指字元集中字元出現的次數（0次、1次或多次）和出現的位置（從開頭比對或結尾進行比對）。

☆ 字元集

字元集是使用「\」開頭的預設字元集，或使用 "[" 和 "]" 符號組合成一組字元集的範圍，每一個字元集代表比對字串中的字元需要符合的條件，其說明如下表所示：

字元集	說明
[abc]	包含英文字母 a、b 或 c
[abc{]	包含英文字母 a、b、c 或符號 {
[a-z]	任何英文的小寫字母
[A-Z]	任何英文的大寫字母
[0-9]	數字 0~9
[a-zA-Z]	任何大小寫的英文字母
[^abc]	除了 a、b 和 c 以外的任何字元，[^....] 表示之外
\w	任何字元，包含英文字母、數字和底線，即 [A-Za-z0-9_]
\W	任何不是 \w 的字元，即 [^A-Za-z0-9_]

字元集	說明
\d	任何數字的字元，即 [0-9]
\D	任何不是數字的字元，即 [^0-9]
\s	空白字元，包含不會顯示的逸出字元，例如 : \n 和 \t 等，即 [\t\r\n\f]
\S	不是空白字元的字元，即 [^ \t\r\n\f]

在正規表達式的範本字串除了使用上表的字元集外，還可以包含 Escape 逸出字串代表的特殊字元，如下表所示：

Escape 逸出字串	說明
\n	新行符號
\r	Carriage Return 的 Enter 鍵
\t	Tab 鍵
\.、\?、\/、\\、\[、\]、\{、\}、\(、\)、\+、*、|	在範本字串代表 .、?、/、\、[、]、{、}、(、)、+、* 和	特殊功能的字元
\xHex	十六進位的 ASCII 碼
\xOct	八進位的 ASCII 碼

在正規表達式的範本字串不只可以使用字元集和 Escape 逸出字串，還可以是自行使用序列字元組成的子範本字串，或使用「(」、「)」括號來括起，如下所示：

```
"a(bc)*"
"(b | ef)gh"
"[0-9]+"
```

上述 a、gh、(bc) 括起的是子字串，在之後的「*」、「+」和中間的「|」字元是比對符號。

☆ 比對符號

正規表達式的比對符號定義範本字串在比較時的比對方式，可以定義正規表達式範本字串中字元出現的位置和次數。常用比對符號的說明，如下表所示：

比對符號	說明
^	比對字串的開始，即從第 1 個字元開始比對
$	比對字串的結束，即字串最後需符合範本字串
.	代表任何一個字元
|	或，可以是前後 2 個字元的任一個
?	0 或 1 次
*	0 或很多次
+	1 或很多次
{n}	出現 n 次
{n,m}	出現 n 到 m 次
{n,}	至少出現 n 次
[...]	符合方括號中的任一個字元
[^...]	符合不在方括號中的任一個字元

☆ 正規表達式範本字串的範例

一些正規表達式範本字串的範例，如下表所示：

範本字串	說明
^The	字串需要是 The 字串開頭，例如：These
book$	字串需要是 book 字串結尾，例如：a book
note	字串中擁有 note 子字串
a?bc	擁有 0 或 1 個 a，之後是 bc，例如：abc、bc 字串
a*bc	擁有 0 到多個 a，例如：bc、abc、aabc、aaabc 字串
a(bc)*	在 a 之後有 0 到多個 bc 字串，例如：abc、abcbc、abcbcbc 字串

範本字串	說明
(a | b)*c	擁有 0 到多個 a 或 b，之後是 c，例如：bc、abc、aabc、aaabc 字串
a+bc	擁有 1 到多個 a，之後是 bc，例如：abc、aabc、aaabc 字串等
ab{3}c	擁有 3 個 b，例如：abbbc 字串，不可以是 abbc 或 abc
ab{2,}c	至少擁有 2 個 b，例如：abbc、abbbc、abbbbc 等字串
ab{1,3}c	擁有 1 到 3 個 b，例如：abc、abbc 和 abbbc 字串
[a-zA-Z]{1,}	至少 1 個英文字元的字串
[0-9]{1,}、[\d]{1,}	至少 1 個數字字元的字串

3-2-2 ChatGPT 應用：寫出正規表達式的範本字串

我們可以詢問 ChatGPT 幫助我們寫出正規表達式的範本字串，例如：電子郵件地址，詳細的問題描述（ch3-2-2.txt），如下所示：

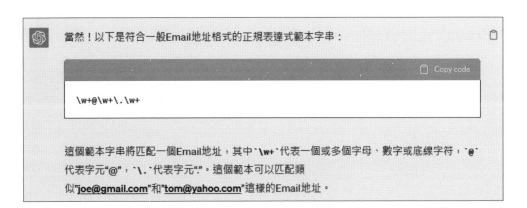

> Q 你是正規表達專家，請寫出符合下列所有Email郵件地址範例的範本字串？
>
> joe@gmail.com
>
> tom@yahoo.com

當然！以下是符合一般Email地址格式的正規表達式範本字串：

```
\w+@\w+\.\w+
```

這個範本字串將匹配一個Email地址，其中 `\w+` 代表一個或多個字母、數字或底線字符，`@` 代表字元"@"，`\.` 代表字元"."。這個範本可以匹配類似"joe@gmail.com"和"tom@yahoo.com"這樣的Email地址。

上述 ChatGPT 寫出的是簡單的 Email 範本字串。如果有現成的範本字串，但不知道是比對什麼字串時，我們也可以詢問 ChatGPT 寫出一些符合範本的字串，詳細的問題描述（ch3-2-2a.txt），如下所示：

> Q 你是正規表達式專家，請依據下列範本字串寫出5個符合範本的字串？
>
> ([\w.-]+)@([A-Za-z0-9_.-]+)

 當前的正規表達式模式是([\w.-]+)@([A-Za-z0-9_.-]+)，它用於匹配電子郵件地址。

根據這個模式，我們可以產生一些符合範本的字串。以下是五個符合範本的字串示例：

1. john.doe@example.com
2. jane_smith123@example.com
3. first.last@example.co.uk
4. test-user@example123.net
5. sample.email@example-domain.com

3-2-3 在 VBA 使用正規表達式

在 VBA 程式是使用 Regex 正規表達式物件來執行範本比對，我們可以使用 Test()、Execute() 和 Replace() 方法來測試、取出和取代符合範本字串的內容。

☆ 使用正規表達式比對是否有電子郵件地址　　　　　　ch3-2-3.xlsm

在 VBA 程式建立 Regex 正規表達式物件後，就可以使用 Test() 方法比對目標字串之中，是否有電子郵件地址的子字串，如下所示：

```
Dim str1 As String
Dim regex As Object

Set regex = CreateObject("VBScript.RegExp")
```

上述程式碼是使用 CreateObject() 函數的晚期繫結來建立 Regex 正規表達式物件後,在下方取得 "A1" 儲存格的目標字串,如下所示:

```
str1 = Range("A1").Value

regex.Pattern = "\w+@\w+\.\w+"
```

上述程式碼使用 Pattern 屬性指定 Regex 物件的範本字串後,在下方的 If/Else 條件敘述,呼叫 Test() 方法測試參數的目標字串是否有符合範本字串的內容,如下所示:

```
If regex.Test(str1) Then
    MsgBox ("有找到電郵地址的字串!")
Else
    MsgBox ("沒有找到電郵地址的字串!")
End If
```

在 Excel 開啟 ch3-2-3.xlsm 後,按測試鈕,可以看到有找到電子郵件地址字串的訊息視窗。

☆ 使用正規表達式取出電子郵件地址　　ch3-2-3a.xlsm

因為 ch3-2-3a.xlsm 的 VBA 程式是使用早期繫結(其進一步說明請參閱第 7 章),我們需要在 VBA 編輯器先執行工具 / 設定引用項目命令,勾選引用項目 Microsoft VBScript Regular Expressions,如下圖所示:

在 VBA 程式建立 Regex 正規表達式物件後，就可以使用 Execute() 方法取出在目標字串中，所有電子郵件地址的子字串，如下所示：

```
Dim str1, output As String
Dim regex As New RegExp
Dim matchs, match As Object

str1 = Range("A1").Value
```

上述程式碼改用 New 運算子建立 Regex 正規表達式物件後，取得 "A1" 儲存格的目標字串。在下方指定 Regex 物件的屬性，如下所示：

```
With regex
    .Pattern = "\w+@\w+\.\w+"
    .Global = True
    .MultiLine = True
End With
```

上述 With/End With 程式區塊依序指定 Pattern 屬性的範本字串，Global 屬性值 True 是找出全部；False 只找第 1 個，MultiLine 屬性值 True 表示跨過換行符號來比對。在下方呼叫 Execute() 方法取回所有符合範本字串的內容，如下所示：

```
Set matchs = regex.Execute(str1)

output = ""
For Each match In matchs
    output = output & match.Value & vbCrLf
Next match

MsgBox (output)
```

上述 For Each/Next 迴圈走訪找到的 match 物件，然後使用 Value 屬性取得找到的郵件地址，按測試鈕，可以看到找到的電子郵件地址清單，如右圖所示：

☆ 使用正規表達式取代範本的字串　　ch3-2-3b.xlsm

在 VBA 的正規表達式比對出的範本字串後，可以呼叫 Replace() 方法取代成其他字串，如下所示：

```
...
regex.Pattern = ".com"
regex.Global = True

str2 = regex.Replace(str1, ".net")
...
```

上述程式碼建立正規表達式物件的範本是 ".com" 後，Global 屬性值 True 是取代全部，即可呼叫 Replace() 方法取代成為第 2 個參數的字串，其執行結果如右圖所示：

Microsoft Excel　　　　　　　　　　　　×

Joe's email is joe@gmail.net,　Tom's email is tom@yahoo.net

確定

3-3 ChatGPT 應用： Excel VBA 自動化資料整理

我們可以活用 ChatGPT × Excel VBA 來自動化整理活頁簿或工作表的資料，幫助我們分割或合併工作表，當然也可以幫助我們自動化轉換 Excel 儲存格的資料格式。

3-3-1 Excel 活頁簿和工作表的分割與合併

Excel 活頁簿和工作表的資料可以互相轉換，我們可以合併多個活頁簿成為單一工作表，也可以將多個工作表分割成多個活頁簿。

☆ 將活頁簿的每一個工作表分割成活頁簿   ch3-3-1_gpt.xlsm

在 Excel 活頁簿擁有多班成績的多個工作表，為了通知學員成績，我們需要將多個工作表一一分割成各班成績的 Excel 活頁簿。ChatGPT 可以幫助我們寫出 VBA 程序來分割工作表成為活頁簿，其詳細的問題和功能描述（ch3-3-1.txt），如下所示：

> **Q** 你是VBA程式專家，請寫一個VBA程序SplitWorkbook()，並且加上繁體中文的註解文字，可以將目前活頁簿的所有工作表一一儲存成同工作表名稱的Excel活頁簿。

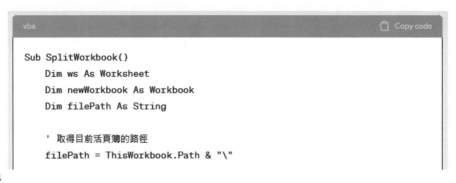

```vba
Sub SplitWorkbook()
    Dim ws As Worksheet
    Dim newWorkbook As Workbook
    Dim filePath As String

    ' 取得目前活頁簿的路徑
    filePath = ThisWorkbook.Path & "\"
```

```
    ' 迴圈處理每個工作表
    For Each ws In ThisWorkbook.Worksheets
        ' 建立新的活頁簿
        Set newWorkbook = Workbooks.Add

        ' 將目前工作表的內容複製到新的活頁簿
        ws.Copy Before:=newWorkbook.Sheets(1)

        ' 儲存新的活頁簿，檔名為目前工作表的名稱
        newWorkbook.SaveAs filePath & ws.Name & ".xlsx"

        ' 關閉新的活頁簿
        newWorkbook.Close SaveChanges:=False
    Next ws

    ' 顯示處理完成訊息
    MsgBox "分割完成！", vbInformation
End Sub
```

上述 ChatGPT 寫出的 VBA 程式碼使用 For Each/Next 迴圈走訪活頁簿的每一個工作表，然後新增全新活頁簿來貼上工作表的內容，即可另存成全新的 Excel 活頁簿。其執行結果可以在相同目錄（資料夾）看到分割成的 "A 班 .xlsx"、"B 班 .xlsx" 和 "C 班 .xlsx" 共三個 Excel 活頁簿。

☆ 合併同一個活頁簿的多個工作表　　ch3-3-1a_gpt.xlsm

在 Excel 活頁簿有分成多班不同工作表的升等測驗成績，為了方便統計成績，我們準備請 ChatGPT 寫一個 VBA 程序來合併活頁簿中的多個工作表，其詳細的問題和功能描述（ch3-3-1a.txt），如下所示：

> **Q** 你是VBA程式專家，請寫一個VBA程序MergeWorksheet()，並且加上繁體中文的註解文字，請將其他工作表都合併至第一個工作表，不包含其他工作表的標題列。

```vba
Sub MergeWorksheet()
    Dim ws As Worksheet
    Dim mergeRange As Range
    Dim destRow As Long

    ' 將第一個工作表作為合併的目標工作表
    Set mergeRange = ThisWorkbook.Worksheets(1).UsedRange
    destRow = mergeRange.Rows.Count + 1

    ' 從第二個工作表開始逐個合併
    For Each ws In ThisWorkbook.Worksheets
        If ws.Index <> 1 Then ' 排除目標工作表
            ' 確定要合併的範圍，排除標題列
            Set mergeRange = ws.UsedRange.Offset(1).Resize(ws.UsedRange.Rows

            ' 將合併的範圍複製到目標工作表的下一行
            mergeRange.Copy Destination:=ThisWorkbook.Worksheets(1).Cells(de

            ' 更新目標工作表的行計數器
            destRow = destRow + mergeRange.Rows.Count
        End If
    Next ws

    ' 清除剪貼板中的內容
    Application.CutCopyMode = False

    ' 將焦點設置回目標工作表
    ThisWorkbook.Worksheets(1).Activate

    MsgBox "工作表已成功合併。"
End Sub
```

上述 ChatGPT 寫出的程式碼是走訪活頁簿的每一個工作表來複製內容至第 1 個工作表，變數 destRow 是合併寫入的開始列，如下所示：

```
For Each ws In ThisWorkbook.Worksheets
    If ws.Index <> 1 Then
        Set mergeRange = ws.UsedRange.Offset(1).Resize( _
                        ws.UsedRange.Rows.Count - 1)
```

　　上述 If 條件敘述排除第 1 個工作表，所以 Index 索引值不等於 1，mergeRange 物件是工作表欲合併的範圍，首先使用 Offset() 方法向下位移 1 列，然後呼叫 Resize() 方法調整成有使用的合併範圍，可以排除第 1 列的標題列，然後在下方呼叫 Copy() 方法複製至變數 destRow 開始的列，如下所示：

```
    mergeRange.Copy Destination:=ThisWorkbook.Worksheets(1) _
                                        .Cells(destRow, 1)
    destRow = destRow + mergeRange.Rows.Count
  End If
Next ws
```

　　上述迴圈的最後是更新變數 destRow 的值，成為下一個合併位置的開始列。其執行結果可以在第 1 個工作表看到合併各工作表的資料，如下圖所示：

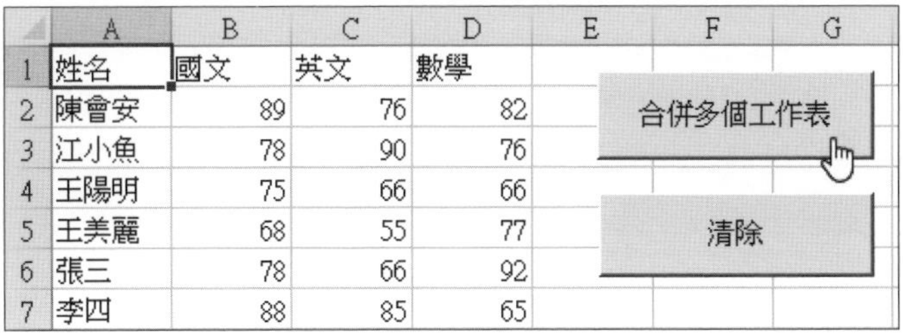

☆ 合併指定目錄下的所有活頁簿　　　　　　　ch3-3-1b_gpt.xlsm

　　在 Windows 作業系統指定目錄下有多個 Excel 活頁簿，這是各班升等測驗的成績，我們準備請 ChatGPT 寫一個 VBA 程序來合併這些活頁簿成單一工作表，其詳細的問題和功能描述（ch3-3-1b.txt），如下所示：

> **Q**　你是VBA程式專家，請寫一個VBA程序MergeWorkbook()，並且加上繁體中文的註解文字，可以將與Excel檔案相同目錄下的「教育訓練成績\」子目錄的所有Excel活頁簿都合併至目前作用中的工作表，不包含其他工作表的標題列。

```vba
Sub MergeWorkbook()
    Dim wb As Workbook
    Dim ws As Worksheet
    Dim folderPath As String
    Dim fileName As String
    Dim filePath As String

    ' 設定目錄路徑
    folderPath = ThisWorkbook.Path & "\教育訓練成績\"

    ' 開啟目錄下的每個Excel檔案
    fileName = Dir(folderPath & "*.xls*")
    Do While fileName <> ""
        filePath = folderPath & fileName
        Set wb = Workbooks.Open(filePath)

        ' 複製活頁簿中的內容至目前工作表的下一列
        For Each ws In wb.Worksheets
            ' 排除標題列, 只從第二列開始複製
            ws.UsedRange.Offset(1).Copy Destination:=ThisWorkbook.ActiveShee
        Next ws

        ' 關閉已經處理完的活頁簿
        wb.Close SaveChanges:=False

        ' 取得下一個Excel檔案名稱
        fileName = Dir
    Loop
End Sub
```

上述 ChatGPT 寫出的程式碼是在 Do While/Loop 迴圈依序開啟目錄下的 Excel 檔案後，使用 For Each/Next 迴圈走訪活頁簿的每一個工作表來複製內容至目前工作表的下一列，如下所示：

```
For Each ws In wb.Worksheets
    ws.UsedRange.Offset(1).Copy Destination:= _
            ThisWorkbook.ActiveSheet.Cells(Rows.Count, 1) _
                        .End(xlUp).Offset(1)
Next ws
```

　　上述程式碼排除第 1 列的標題列，從第二列開始複製，Destination 參數值，如下所示：

```
ThisWorkbook.ActiveSheet.Cells(Rows.Count, 1).End(xlUp).Offset(1)
```

　　上述程式碼有些複雜，我們可以詢問 ChatGPT 幫助我們解釋程式碼，請繼續對話過程，其詳細的問題描述（ch3-3-1c.txt），如下所示：

請問ThisWorkbook.ActiveSheet.Cells(Rows.Count, 1).End(xlUp).Offset(1)是什麼？

這段程式碼是在使用 VBA (Visual Basic for Applications) 中的 Excel 物件模型來操作活頁簿 (Workbook) 中的工作表 (Worksheet)。

讓我們分解這段程式碼：

- `ThisWorkbook` 是指目前正在執行的 VBA 程式所屬的活頁簿。
- `ActiveSheet` 是指目前正在顯示在 Excel 應用程式中的工作表。
- `Cells(Rows.Count, 1)` 是指在目前的工作表中，以第一欄 (column) 為基準，取得該欄的最後一個儲存格所在的位置。`Rows.Count` 是用來取得工作表中的列數。
- `.End(xlUp)` 是指從上一步驟取得的位置開始往上搜尋，直到遇到非空儲存格為止。也就是找到從最後一列開始的第一個非空儲存格。
- `.Offset(1)` 是指將上一步驟找到的儲存格位置往下偏移一行，即取得下一個儲存格位置。

簡而言之，這段程式碼的目的是找到目前工作表中第一欄最後一個非空儲存格的下一個儲存格位置。這在將新的資料附加到現有資料的末尾時很有用。

　　上述 ChatGPT 的回答詳細說明程式碼的各部分。其執行結果可以在工作表看到合併各活頁簿的資料，如下圖所示：

	A	B	C	D	E	F	G
1	姓名	國文	英文	數學			
2	陳會安	89	76	82			
3	江小魚	78	90	76			
4	王陽明	75	66	66			
5	王美麗	68	55	77			
6	張三	78	66	92			
7	李四	88	85	65			

合併多個活頁簿

清除

3-3-2 轉換 Excel 儲存格的資料格式

Excel VBA 程式可以幫助我們轉換 Excel 儲存格的資料格式,例如:將部門名稱改為代碼;將西元日期改為民國等。

☆ 將儲存格資料轉換成對應的代碼　　　　　　　　ch3-3-2_gpt.xlsm

公司部門擁有英文代碼,為了統一 Excel 活頁簿的資料格式,我們準備請 ChatGPT 幫助我們寫一個 VBA 程序,可以將 Excel 檔案原來的部門名稱轉換成對應的英文代碼,其詳細的問題和功能描述(ch3-3-2.txt),如下所示:

> **Q** 你是VBA程式專家,請寫一個VBA程序ConvertDepartmentNames(),並且加上繁體中文的註解文字,可以開啟與Excel檔案相同目錄下的Excel活頁簿「文具商品採購清單.xlsx」,然後將"A2"~"A53"的公司部門名稱轉換成下列的英文代碼,如下所示:
>
> 人事部 HR
>
> 業務部 MKT
>
> 研發部 RD
>
> 製造部 MF
>
> 最後,將轉換後的活頁簿另存成與Excel檔案相同目錄下的「文具商品採購清單2.xlsx」。

```vba
Sub ConvertDepartmentNames()
    Dim wb As Workbook
    Dim ws As Worksheet
    Dim cell As Range

    ' 開啟與 Excel 檔案相同目錄下的活頁簿
    Set wb = Workbooks.Open(ThisWorkbook.Path & "\文具商品採購清單.xlsx")
    ' 設定要操作的工作表，這裡假設需要轉換的資料在第一個工作表上
    Set ws = wb.Sheets(1)

    ' 轉換部門名稱
    For Each cell In ws.Range("A2:A53")
        Select Case cell.Value
            Case "人事部"
                cell.Value = "HR"
            Case "業務部"
                cell.Value = "MKT"
            Case "研發部"
                cell.Value = "RD"
            Case "製造部"
                cell.Value = "MF"
            ' 如果遇到無法辨識的部門名稱，可以在這裡加上預設的處理方式
            ' Case Else
            '     cell.Value = "未知"
        End Select
    Next cell

    ' 另存新檔
    wb.SaveAs ThisWorkbook.Path & "\文具商品採購清單2.xlsx"

    ' 關閉活頁簿
    wb.Close
End Sub
```

上述 ChatGPT 寫出的 VBA 程序是開啟 Excel 檔案後，轉換各部門的名稱成為代碼，在完成後另存成轉換後的 Excel 檔案，這是使用 For Each/Next 迴圈走訪部門名稱欄的儲存格，然後使用 Select Case/End Select 條件敘述來轉換成英文代碼，其執行結果可以建立名為 " 文具商品採購清單2.xlsx" 的 Excel 檔案，可以看到第 1 欄已經改為英文代碼，如下圖所示：

	A	B	C	D	E
16	HR	紙類用品	便利貼	3	90
17	HR	紙類用品	信封	5	200
18	HR	紙類用品	筆記本	15	300
19	HR	紙類用品	便利貼	12	360
20	MKT	辦公用品	剪刀	2	110
21	MKT	辦公用品	美工刀	1	45

☆ 將西元年改為民國年　　　　　　　　　　ch3-3-2a_gpt.xlsm

在台積電股價 Excel 活頁簿的 Date 欄是使用西元日期，我們準備請 ChatGPT 幫助我們寫一個 VBA 程序，可以將西元日期改成民國日期，其詳細的問題和功能描述（ch3-3-2a.txt），如下所示：

> **Q** 你是VBA程式專家，請寫一個VBA程序ConvertDates()，並且加上繁體中文的註解文字，可以開啟與Excel檔案相同目錄下的Excel活頁簿「2330TW.xlsx」，然後將"A2"~"A248"的西元年改成為民國年，例如：
>
> 將「2021-10-19」改為「民國110年10月19日」。
>
> 最後另存成與Excel檔案相同目錄下的「2330TW-2.xlsx」。

```vba
Sub ConvertDates()
    Dim wb As Workbook
    Dim ws As Worksheet
    Dim lastRow As Long
    Dim i As Long

    ' 開啟與Excel檔案相同目錄下的Excel活頁簿「2330TW.xlsx」
    Set wb = Workbooks.Open(ThisWorkbook.Path & "\2330TW.xlsx")

    ' 設定要處理的工作表
    Set ws = wb.Worksheets(1)

    ' 取得最後一列的行數
    lastRow = ws.Cells(ws.Rows.Count, "A").End(xlUp).Row
```

```
' 將"A2"~"A248"的西元年改成為民國年
For i = 2 To 248
    ws.Cells(i, "A").Value = "民國" & (Year(ws.Cells(i, "A").Value) - 19
Next i

' 另存成與Excel檔案相同目錄下的「2330TW-2.xlsx」
wb.SaveAs ThisWorkbook.Path & "\2330TW-2.xlsx"

' 關閉活頁簿
wb.Close

' 釋放物件
Set ws = Nothing
Set wb = Nothing

MsgBox "日期轉換完成並已另存新檔！", vbInformation
End Sub
```

上述 ChatGPT 寫出的 VBA 程序在開啟 Excel 檔案，成功轉換日期後，再另存成轉換後的 Excel 檔案，這是使用 For/Next 迴圈走訪 "A" 欄的日期儲存格來改為民國日期，如下所示：

```
For i = 2 To 248
    ws.Cells(i, "A").Value = "民國" & _
        (Year(ws.Cells(i, "A").Value) - 1911) & _
            "年" & Format(ws.Cells(i, "A").Value, "MM月dd日")
Next i
```

上述程式碼使用 Year() 函數來轉換年份，即西元年減去 1911，然後使用 Format() 函數格式化顯示月和日。其執行結果可以建立名為 "2330TW-2.xlsx" 的 Excel 檔案，可以看到 "A" 欄的日期已經改為民國日期，如下圖所示：

	A	B	C	D	E	F	G
1	Date	Open	High	Low	Close	Adj Close	Volume
2	民國110年10月19日	598	600	593	600	587.7092	17386359
3	民國110年10月20日	603	604	597	598	585.7502	16372520
4	民國110年10月21日	602	603	595	596	583.7911	16169014
5	民國110年10月22日	600	602	594	600	587.7092	13995403
6	民國110年10月25日	597	597	590	593	580.8526	16785568

3-4 ChatGPT 應用：Excel VBA 自動化資料清理

我們可以活用 ChatGPT × Excel VBA 來自動化處理儲存格的遺漏值，找出遺漏值數量和填入固定或平均值，或使用第 3-2 節的正規表達式，以範本字串來清理儲存格的資料。

3-4-1 處理 Excel 儲存格的遺漏值

在這一節我們準備使用鐵達尼號資料集（Titanic Dataset），這是 1912 年 4 月 15 日在大西洋旅程中撞上冰山沈沒的一艘著名客輪，這次意外事件造成 2224 名乘客和船員中 1502 名死亡，資料集就是船上乘客的相關資料。

請開啟 Excel 檔案 titanic_test.xlsx，這是一個精簡版的資料集，只有前 100 筆記錄，如下圖所示：

	A	B	C	D	E	F
1	PassengerId	Name	PClass	Age	Sex	Survived
2	1	Allen, Miss Elisabeth Walton	1st	29	female	1
3	2	Allison, Miss Helen Loraine	1st	2	female	0
4	3	Allison, Mr Hudson Joshua Creighton	1st	30	male	0
5	4	Allison, Mrs Hudson JC (Bessie Waldo Daniels)	1st	25	female	0
6	5	Allison, Master Hudson Trevor	1st	0.92	male	1
7	6	Anderson, Mr Harry	1st	47	male	1
8	7	Andrews, Miss Kornelia Theodosia	1st	63	female	1
9	8	Andrews, Mr Thomas, jr	1st	39	male	0
10	9	Appleton, Mrs Edward Dale (Charlotte Lamson)	1st	58	female	1
11	10	Artagaveytia, Mr Ramon	1st	71	male	0
12	11	Astor, Colonel John Jacob	1st	47	male	0
13	12	Astor, Mrs John Jacob (Madeleine Talmadge Force)	1st	19	female	1
14	13	Aubert, Mrs Leontine Pauline	1st	NA	female	1
15	14	Barkworth, Mr Algernon H	1st	NA	male	1
16	15	Baumann, Mr John D	1st	NA	male	0
17	16	Baxter, Mrs James (Helene DeLaudeniere Chaput)	1st	50	female	1

上述 "Age" 欄位有很多 "NA" 字串值的儲存格，這些值不是年齡，雖然並非空白字元，也一樣是資料中的遺漏值。

☆ 找出和標示遺漏值 ch3-4-1_gpt.xlsm

在鐵達尼號資料集的 Excel 活頁簿，"Age" 欄位有很多 "NA" 字串的遺漏值，我們準備請 ChatGPT 寫一個 VBA 程序，找出遺漏值來清成空白，和標示背景色彩，其詳細的問題和功能描述（ch3-4-1.txt），如下所示：

> **Q** 你是VBA程式專家，請寫一個VBA程序FindMissingValue()，並且加上繁體中文的註解文字，可以開啟與Excel檔案相同目錄下的Excel活頁簿「titanic_test.xlsx」，然後在"D"欄找出儲存格值是"NA"的儲存格，在清成空白後，將此儲存格背景改為淡黃色，最後另存成與Excel檔案相同目錄下的「titanic_test-2.xlsx」。

```vba
Sub FindMissingValue()
    Dim wb As Workbook
    Dim ws As Worksheet
    Dim lastRow As Long
    Dim cell As Range

    ' 開啟與Excel檔案相同目錄下的Excel活頁簿 "titanic_test.xlsx"
    Set wb = Workbooks.Open(ThisWorkbook.Path & "\titanic_test.xlsx")

    ' 設定要操作的工作表
    Set ws = wb.Sheets(1)

    ' 取得最後一列的行數
    lastRow = ws.Cells(ws.Rows.Count, "D").End(xlUp).Row

    ' 循環檢查"D"欄的儲存格值是否為"NA"
    For Each cell In ws.Range("D1:D" & lastRow)
        If cell.Value = "NA" Then
```

```
            ' 清除儲存格內容
            cell.ClearContents
            ' 將儲存格背景改為淡黃色
            cell.Interior.Color = RGB(255, 255, 153)
        End If
    Next cell

    ' 另存成與Excel檔案相同目錄下的 "titanic_test-2.xlsx"
    wb.SaveAs ThisWorkbook.Path & "\titanic_test-2.xlsx"

    ' 關閉活頁簿
    wb.Close

    ' 釋放物件記憶體
    Set ws = Nothing
    Set wb = Nothing

    MsgBox "完成任務！", vbInformation
End Sub
```

上述 ChatGPT 寫出的 VBA 程式碼是使用下列程式碼找出工作表的最後一列，End(xlUp) 可以找出最後 1 列，Row 屬性取得索引，如下所示：

```
lastRow = ws.Cells(ws.Rows.Count, "D").End(xlUp).Row
```

然後，使用 For Each/Next 迴圈配合 If 條件敘述來判斷儲存格是否是 "NA"，如果是，就清除儲存格內容和更改背景色彩，其執行結果可以建立名為 "titanic_test-2.xlsx" 的 Excel 檔案，看到在 "D" 欄標示出的遺漏值，如下圖所示：

	A	B	C	D	E	F
1	PassengerId	Name	PClass	Age	Sex	Survived
2	1	Allen, Miss Elisabeth Walton	1st	29	female	1
3	2	Allison, Miss Helen Loraine	1st	2	female	0
4	3	Allison, Mr Hudson Joshua Creighton	1st	30	male	0
5	4	Allison, Mrs Hudson JC (Bessie Waldo Daniels)	1st	25	female	0
6	5	Allison, Master Hudson Trevor	1st	0.92	male	1
7	6	Anderson, Mr Harry	1st	47	male	1
8	7	Andrews, Miss Kornelia Theodosia	1st	63	female	1
9	8	Andrews, Mr Thomas, jr	1st	39	male	0
10	9	Appleton, Mrs Edward Dale (Charlotte Lamson)	1st	58	female	1
11	10	Artagaveytia, Mr Ramon	1st	71	male	0
12	11	Astor, Colonel John Jacob	1st	47	male	0
13	12	Astor, Mrs John Jacob (Madeleine Talmadge Force)	1st	19	female	1
14	13	Aubert, Mrs Leontine Pauline	1st		female	1
15	14	Barkworth, Mr Algernon H	1st		male	1
16	15	Baumann, Mr John D	1st		male	0

☆ 計算出遺漏值的數量 ch3-4-1a_gpt.xlsm

Excel VBA 可以使用 Range 物件的 SpecialCells() 方法來找出儲存格值是空白的範圍，然後計算出此範圍的儲存格數量，換句話說，就是找出遺漏值數量。ChatGPT 詳細的問題和功能描述（ch3-4-1a.txt），如下所示：

> **Q** 你是VBA程式專家，請寫一個VBA程序FindMissingValueCount()，並且加上繁體中文的註解文字，可以開啟與Excel檔案相同目錄下的Excel活頁簿「titanic_test-2.xlsx」，然後在"D"欄使用Range物件的SpecialCells()方法找出儲存格值是空白的儲存格數，即可呼叫MsgBox()函數顯示儲存格數。

因為 ChatGPT 寫出的 VBA 程式碼結構相似，所以只列出主要部分，如下所示：

```
'使用SpecialCells方法找出空白儲存格
On Error Resume Next
Set rangeWithBlanks = ws.Range("D:D").SpecialCells(xlCellTypeBlanks)
On Error GoTo 0

'計算空白儲存格的數量
If Not rangeWithBlanks Is Nothing Then
    blankCount = rangeWithBlanks.Cells.Count
Else
    blankCount = 0
End If

'顯示儲存格數量
MsgBox "空白儲存格的數量為: " & blankCount
```

上述 SpecialCells() 方法是使用 xlCellTypeBlanks 常數的空白來取得空白儲存格的範圍。其執行結果可以顯示遺漏值數是 24，如右圖所示：

☆ 刪除整列資料來處理遺漏值   ch3-4-1b_gpt.xlsm

在 Excel 工作表找出和計算出遺漏值數量後，就可以處理遺漏值，如果資料量足夠，最簡單方式就是刪除掉這些有遺漏值的整列資料。ChatGPT 詳細的問題和功能描述（ch3-4-1b.txt），如下所示：

> **Q** 你是VBA程式專家，請寫一個VBA程序RemoveMissingValue()，並且加上繁體中文的註解文字，可以開啟與Excel檔案相同目錄下的Excel活頁簿「titanic_test-2.xlsx」，然後在"D"欄找出儲存格值是空白的儲存格後，刪除此列的資料，最後另存成與Excel檔案相同目錄下的「titanic_test-3.xlsx」。

　　因為 ChatGPT 寫出的 VBA 程式碼結構相似，所以只列出主要部分，如下所示：

```
' 取得最後一列的行數
lastRow = ws.Cells(ws.Rows.Count, "D").End(xlUp).Row

' 設定要檢查的範圍為"D"欄的儲存格
Set rng = ws.Range("D1:D" & lastRow)

' 從最後一列往上檢查，如果儲存格值是空白則刪除該列
For i = lastRow To 1 Step -1
    If IsEmpty(rng.Cells(i)) Then
        ws.Rows(i).Delete
    End If
Next i
```

　　上述在 For/Next 迴圈是使用 If 條件敘述呼叫 IsEmpty() 函數來檢查儲存格是否是空的，如果是，就呼叫 Delete() 方法刪除此列，其執行結果可以建立名為 "titanic_test-3.xlsx" 的 Excel 檔案，目前的資料只剩下 77 列（含標題列），少了 24 列。

☆ 填補資料來處理遺漏值　　　　　　　　　ch3-4-1c_gpt.xlsm

　　如果資料量不足，我們可以填補這些遺漏值，將遺漏值指定成固定值、平均值或中位數等，例如：將空白儲存格都改成此欄位的平均值。ChatGPT 詳細的問題和功能描述（ch3-4-1c.txt），如下所示：

> Q　你是VBA程式專家，請寫一個VBA程序FillMissingValue()，並且加上繁體中文的註解文字，可以開啟與Excel檔案相同目錄下的Excel活頁簿「titanic_test-2.xlsx」，首先從"D"欄的第2列開始找出不是空白的儲存格，然後將儲存格值轉換成整數後，計算出平均值，就可以再次從"D"欄找出儲存格值是空白的儲存格後，填入之前計算出的平均值，最後另存成與Excel檔案相同目錄下的「titanic_test-4.xlsx」。

因為 ChatGPT 寫出的 VBA 程式碼結構相似，所以只列出主要部分，第一部分是計算 "D" 欄不是空白的平均值，如下所示：

```
' 計算平均值
total = 0
count = 0
For i = 2 To lastRow
    ' 檢查儲存格是否為空白
    If Not IsEmpty(ws.Cells(i, "D").Value) Then
        ' 將儲存格值轉換成整數並加總
        total = total + CInt(ws.Cells(i, "D").Value)
        count = count + 1
    End If
Next i

' 計算平均值
If count > 0 Then
    average = total / count
Else
    average = 0
End If
```

第二部分是將遺漏值填入計算出的平均值，如下所示：

```
' 填入空白儲存格
For i = 2 To lastRow
    ' 檢查儲存格是否為空白
    If IsEmpty(ws.Cells(i, "D").Value) Then
        ' 填入平均值
        ws.Cells(i, "D").Value = average
    End If
Next i
```

其執行結果可以建立名為 "titanic_test-4.xlsx" 的 Excel 檔案，可以看到遺漏值已經填入平均值，如下圖所示：

	A	B	C	D	E	F
1	PassengerId	Name	PClass	Age	Sex	Survived
2	1	Allen, Miss Elisabeth Walton	1st	29	female	1
3	2	Allison, Miss Helen Loraine	1st	2	female	0
4	3	Allison, Mr Hudson Joshua Creighton	1st	30	male	0
5	4	Allison, Mrs Hudson JC (Bessie Waldo Daniels)	1st	25	female	0
6	5	Allison, Master Hudson Trevor	1st	0.92	male	1
7	6	Anderson, Mr Harry	1st	47	male	1
8	7	Andrews, Miss Kornelia Theodosia	1st	63	female	1
9	8	Andrews, Mr Thomas, jr	1st	39	male	0
10	9	Appleton, Mrs Edward Dale (Charlotte Lamson)	1st	58	female	1
11	10	Artagaveytia, Mr Ramon	1st	71	male	0
12	11	Astor, Colonel John Jacob	1st	47	male	0
13	12	Astor, Mrs John Jacob (Madeleine Talmadge Force)	1st	19	female	1
14	13	Aubert, Mrs Leontine Pauline	1st	37.645	female	1
15	14	Barkworth, Mr Algernon H	1st	37.645	male	1
16	15	Baumann, Mr John D	1st	37.645	male	0

3-4-2 使用正規表達式執行 Excel 儲存格的資料清理

在 Excel 檔案 yahoo_movies.xlsx 是 Yahoo! 電影的新片清單,如下圖所示:

	A	B	C	D	E	F
1	title_cht	title_en	pub_date		cover	
2	蜘蛛人:穿越新宇	Spider-Man: Across	上映日期:	2023-06-21	https://movies.yahoo.com.tw/i/i	
3	小行星城	Asteroid City	上映日期:	2023-06-22	https://movies.yahoo.com.tw/i/i	
4	化劫	Antikalpa	上映日期:	2023-06-21	https://movies.yahoo.com.tw/i/i	
5	她喜歡的是	What She Likes...	上映日期:	2023-06-21	https://movies.yahoo.com.tw/i/i	
6	蝙蝠:血色情慾	Thirst	上映日期:	2023-06-23	https://movies.yahoo.com.tw/i/i	
7	貴公子	The Childe	上映日期:	2023-06-21	https://movies.yahoo.com.tw/i/i	
8	別叫我 "賭神"	One More Chance	上映日期:	2023-06-21	https://movies.yahoo.com.tw/i/i	
9	淨化論	The Conference	上映日期:	2023-06-21	https://movies.yahoo.com.tw/i/i	
10	SSSS.GRIDMAN 處	SSSS.GRIDMAN	上映日期:	2023-06-21	https://movies.yahoo.com.tw/i/i	

上述 pub_date 欄位的日期資料包含中文字串 " 上映日期:",我們可以使用正規表達式進行資料清理,取出日期字串,如下圖所示:

上述範本字串和日期 2021-04-21 的比對過程，如下所示：

```
[0-9]{4}   →  2021
\-         →  -
[0-9]{2}   →  04
\-         →  -
[0-9]{2}   →  21
```

我們可以請 ChatGPT 寫一個 VBA 程序，將日期 pub_date 欄位使用正規表達式的範本字串來清理出日期資料，其詳細的問題和功能描述（ch3-4-2.txt），如下所示：

 你是VBA程式專家，請寫一個VBA程序ExtractPubDate()，並且加上繁體中文的註解文字，可以開啟與Excel檔案相同目錄下的Excel活頁簿「yahoo_movies.xlsx」，不用建立目標活頁簿，在取得開啟活頁簿的目前工作表後，從"C"欄的第2列開始，使用下列正規表達式來清理此欄儲存格值的日期資料，如下所示：

[0-9]{4}\-[0-9]{2}\-[0-9]{2}

最後另存成與Excel檔案相同目錄下的「yahoo_movies-2.xlsx」。

因為 ChatGPT 寫出的 VBA 程式碼結構相似，所以只列出正規表達式比對字串部分的程式碼，如下所示：

```
' 建立正規表達式物件
Set regex = CreateObject("VBScript.RegExp")

' 設定正規表達式模式
regex.Pattern = "[0-9]{4}\-[0-9]{2}\-[0-9]{2}"

' 對每個儲存格進行匹配與清理
For Each cell In rng
```

```
          ' 檢查儲存格是否有匹配的日期資料
      If regex.Test(cell.Value) Then
          ' 取得所有匹配的結果
          Set matches = regex.Execute(cell.Value)

          ' 取得第一個匹配的結果
          Set match = matches.Item(0)

          ' 將清理後的日期資料寫回儲存格
          cell.Value = match.Value
      End If
  Next cell
```

上述 For Each/Next 迴圈首先使用 Test() 方法檢查是否有日期資料，如果有，就呼叫 Execute() 方法取出日期資料。

請注意！ChatGPT 寫出的 VBA 程式碼仍然有可能會有一些錯誤，在本節 ChatGPT 寫出的 VBA 程式碼，最後另存 Excel 檔案部分有一些小錯誤，其更正後的程式碼如下所示：

```
' 另存成新的檔案
newFilePath = ThisWorkbook.Path & "\yahoo _ movies-2.xlsx"
wb.SaveAs newFilePath


' 關閉活頁簿
wb.Close SaveChanges:=True
```

其執行結果可以建立名為 "yahoo_movies-2.xlsx" 的 Excel 檔案，可以看到取出的日期資料，如下圖所示：

	A	B	C	D	E	F
1	title_cht	title_en	pub_date		cover	
2	蜘蛛人：穿越新宇	Spider-Man: Across	2023-06-21		https://movies.yahoo.com.tw/i/t	
3	小行星城	Asteroid City	2023-06-22		https://movies.yahoo.com.tw/i/t	
4	化劫	Antikalpa	2023-06-21		https://movies.yahoo.com.tw/i/t	
5	她喜歡的是	What She Likes...	2023-06-21		https://movies.yahoo.com.tw/i/t	
6	蝙蝠：血色情慾	Thirst	2023-06-23		https://movies.yahoo.com.tw/i/t	
7	貴公子	The Childe	2023-06-21		https://movies.yahoo.com.tw/i/t	
8	別叫我 "賭神"	One More Chance	2023-06-21		https://movies.yahoo.com.tw/i/t	
9	淨化論	The Conference	2023-06-21		https://movies.yahoo.com.tw/i/t	
10	SSSS.GRIDMAN 廬	SSSS.GRIDMAN	2023-06-21		https://movies.yahoo.com.tw/i/t	

學習評量

① 請問什麼是 Excel VBA 的 Workbooks 物件？ ActiveWorkbook 物件和 ThisWorkbook 物件是什麼？

② 請舉例說明正規表達式？ VBA 程式是如何使用正規表達式來比對範本字串？支援哪三種方法來測試、取出和取代符合範本字串的內容。

③ 請使用 ChatGPT 幫忙我們寫出正規表達式的範本字串，可以處理字串中的日期、整數或浮點數資料，範例資料如下所示：

日期：2023-09-20

金額：3,999和837

金額：295.99、299.00

④ 請詢問 ChatGPT 寫一個名為 HighlightEvenRows() 的 VBA 程序，可以將 Excel 目前工作表的偶數列套用淺黃色的背景色彩。

⑤ 現在有一個 Excel 檔案，其 "性別" 欄位值是中文的男和女，請讓 ChatGPT 寫一個 VBA 程序，可以將男轉換成 male；女轉換成 female。

⑥ 在 Excel 檔案「ch03/momoshop.xlsx」的 price 金額欄位，欄位值除金額外還有一些額外的文字內容，請使用 ChatGPT 寫一個 VBA 程序 ExtractPrice()，可以使用正規表達式來取出整數（含千位數）的金額，使用的範本字串如下所示：

[0-9]+\,*[0-9]*

CHAPTER

4

ChatGPT × Excel VBA 自動化資料分析與視覺化

- 4-1 認識資料視覺化與基本圖表
- 4-2 ChatGPT 應用：自動化 Excel VBA 資料視覺化
- 4-3 ChatGPT 應用：自動化 Excel VBA 資料分析
- 4-4 ChatGPT 應用：匯出 Excel 工作表成為 CSV 和 PDF 檔

4-1 認識資料視覺化與基本圖表

「資料視覺化」（Data Visualization）是使用多種圖表來呈現資料，因為一張圖形勝過千言萬語，可以讓我們更有效率與其他人進行溝通（Communication），換句話說，資料視覺化可以讓複雜資料更容易呈現欲表達的資訊，也更容易讓我們了解這些資料代表的意義。

4-1-1 認識資料視覺化

資料視覺化（Data Visualization）是使用圖形化工具（例如：各式圖表等）運用視覺方式來呈現從大數據萃取出的有用資料，簡單地說，資料視覺化可以將複雜資料使用圖形抽象化成易於吸收的內容，讓我們透過圖形或圖表，更容易識別出資料中的模式（Patterns）、趨勢（Trends）和關聯性（Relationships）。

事實上，資料視覺化已經深入日常生活中，你可以在雜誌報紙、新聞媒體、學術報告和公共交通指示等發現資料視覺化的圖形和圖表。實務上，在進行資料視覺化時需要考量三個要點，如下所示：

◆ **資料的正確性**：不能為了視覺化而視覺化，資料在使用圖形抽象化後，仍然需要保有資料的正確性。

◆ **閱讀者的閱讀動機**：資料視覺化的目的是為了讓閱讀者快速了解和吸收，如何引起閱讀者的動機，讓閱讀者能夠突破心理障礙，理解不熟悉領域的資訊，這就是視覺化需要考量的重點。

◆ **傳遞有效率的資訊**：資訊不只需要正確，還需要有效，資料視覺化可以讓閱讀者短時間理解圖表和留下印象，才是真正有效率的傳遞資訊。

 資訊圖表（Infographic）是另一個常聽到的名詞，資訊圖表和資料視覺化的目的相同，都是使用圖形化方式來簡化複雜資訊。不過，兩者之間有些不一樣，資料視覺化是客觀的圖形化資料呈現，資訊圖表則是主觀呈現創作者的觀點、故事，並且使用更多圖形化方式來呈現，所以需要相當的繪圖功力。

4-1-2 資料視覺化的基本圖表

　　資料視覺化的主要目的是讓閱讀者能夠快速消化吸收資料，包含趨勢、異常值和關聯性等，因為閱讀者並不會花太多時間來消化吸收一張視覺化圖表，我們需要選擇最佳的圖表來建立最有效的資料視覺化。

☆ 散佈圖（Scatter Plots）

　　散佈圖（Scatter Plots）是二個變數分別為垂直 Y 軸和水平的 X 軸座標來繪出資料點，可以顯示一個變數受另一個變數的影響程度，也就是識別出兩個變數之間的關係，例如：使用房間數為 X 軸，房價為 Y 軸繪製的散佈圖，可以看出房間數與房價之間的關係，如下圖所示：

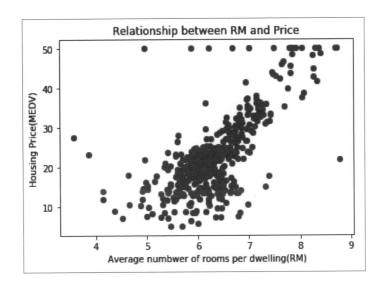

　　上述圖表可以看出房間數愈多（面積大），房價也愈高，不只如此，散佈圖還可以顯示資料的分佈，我們可以發現上方有很多異常點。

　　散佈圖另一個功能是顯示分群結果，例如：使用鳶尾花的花萼（Sepal）和花瓣（Petal）的長和寬為座標 (x, y) 的散佈圖，如下圖所示：

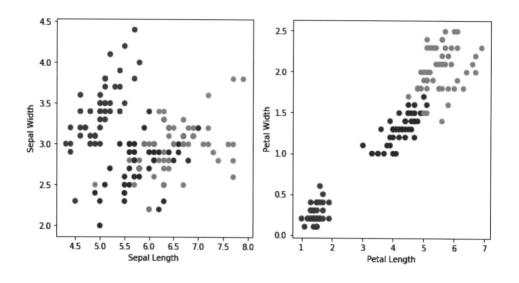

上述散佈圖已經顯示分類的線索，在右邊的圖可以看出紅色點的花瓣（Petal）比較小，綠色點是中等尺寸，最大的是黃色點，這就是三種鳶尾花的分類，請參考書附圖檔「ch04/iris.jpg」的彩色圖表。

☆ 折線圖（Line Plots）

折線圖（Line Plots）是我們最常使用的圖表，這是使用一序列資料點的標記，使用直線連接各標記建立的圖表，如下圖所示：

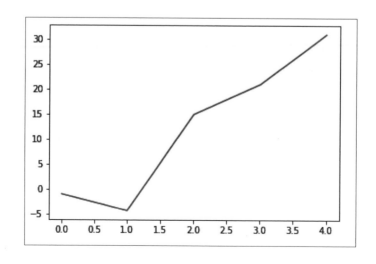

一般來說，折線圖可以顯示以時間為 X 軸的趨勢（Trends），例如：股票的 K 線圖，或美國道瓊工業指數的走勢圖，如下圖所示：

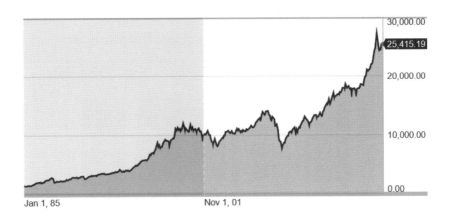

☆ 長條圖（Bar Plots）

長條圖（Bar Plots）是使用長條型色彩區塊的高和長度來顯示分類資料，我們可以顯示成水平或垂直方向的長條圖（水平方向也可稱為橫條圖）。基本上，長條圖是最適合用來比較或排序資料，例如：各種程式語言使用率的長條圖，如下圖所示：

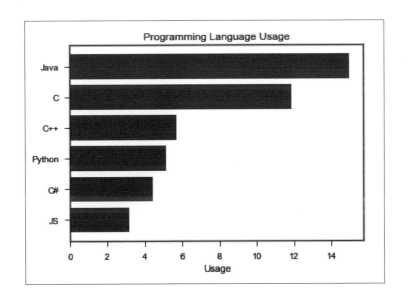

上述長條圖可以看出 Java 語言的使用率最高；JavaScript（JS）語言的使用率最低。再看一個例子，例如：2017~2018 金州勇士隊球員陣容，各位置球員數的長條圖，如下圖所示：

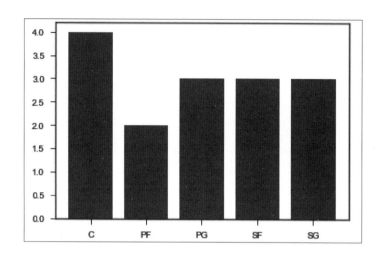

上述長條圖顯示中鋒（C）人數最多，強力前鋒（PF）人數最少。

☆ 派圖（Pie Plots）

派圖（Pie Plots）也稱為圓餅圖（Circle Plots），這是使用一個圓形來表示統計資料的圖表，如同在切一個圓形蛋糕，可以使用不同切片大小來標示資料比例或成分。例如：各種程式語言使用率的派圖，如下圖所示：

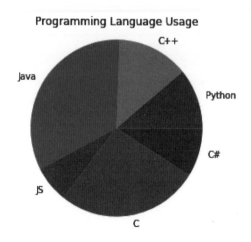

4-2 ChatGPT 應用：自動化 Excel VBA 資料視覺化

　　自動化 Excel VBA 資料視覺化就是在 Excel 工作表自動化繪製視覺化圖表，其資料來源就是 Excel 工作表的資料。

　　Excel VBA 的圖表是 ChartObject 物件，在一個 Excel 工作表可以擁有多張圖表，即 ChartObjects 集合物件，我們可以使用此物件的 Count 屬性取得圖表數，呼叫 Add() 方法新增圖表；Delete() 方法刪除圖表。

☆ 繪製班上成績的長條圖
測驗成績_gpt.xlsm

　　在 Excel VBA 是使用 Excel 檔案 " 測驗成績 _gpt.xlsm"，繪製班上每位學員成績的長條圖（Bar Plots），其內容如右圖所示：

	A	B	C	D
1	姓名	國文	英文	數學
2	陳會安	89	76	82
3	江小魚	78	90	76
4	王陽明	75	66	66

　　ChatGPT 詳細的問題和功能描述（ch4-2.txt），如下所示：

> **Q** 你是VBA程式專家，請寫一個VBA程序DrawPlot()，並且加上繁體中文的註解文字，可以在ActiveSheet物件的目前工作表繪製圖表，如下所示：
>
> 圖表種類：長條圖。
>
> 圖表標題："班上成績長條圖"。
>
> 資料來源："A1:D4"範圍。
>
> 圖表位置："F6"儲存格。
>
> 圖表尺寸：寬300 X 高250。
>
> 圖表樣式索引值：Chart.ChartStyle = 18。

上述提示文字最後因為 ChatGPT 常常會設錯圖表樣式屬性，所以指明設定 Chart.ChartStyle 屬性的索引值，預設圖表樣式值是 1~48，值 1 是灰色；11 是藍色；28 是橙色；30 是黃色，37 的背景是灰色；45 的背景是黑色。ChatGPT 寫出的 VBA 程式碼，如下所示：

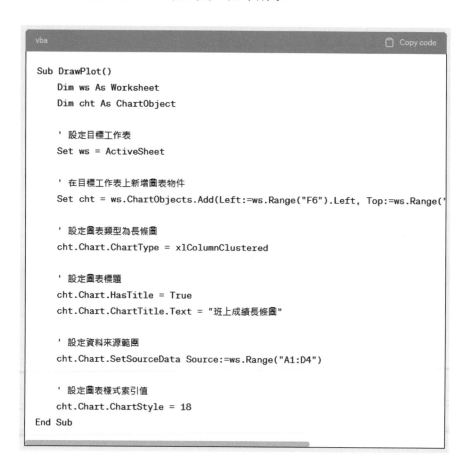

```vba
Sub DrawPlot()
    Dim ws As Worksheet
    Dim cht As ChartObject

    ' 設定目標工作表
    Set ws = ActiveSheet

    ' 在目標工作表上新增圖表物件
    Set cht = ws.ChartObjects.Add(Left:=ws.Range("F6").Left, Top:=ws.Range("

    ' 設定圖表類型為長條圖
    cht.Chart.ChartType = xlColumnClustered

    ' 設定圖表標題
    cht.Chart.HasTitle = True
    cht.Chart.ChartTitle.Text = "班上成績長條圖"

    ' 設定資料來源範圍
    cht.Chart.SetSourceData Source:=ws.Range("A1:D4")

    ' 設定圖表樣式索引值
    cht.Chart.ChartStyle = 18
End Sub
```

上述 ChatGPT 寫出的 VBA 程式碼在取得目前作用中的工作表後，使用 ChartObjects.Add() 方法在工作表新增圖表，如下所示：

```
Set cht = ws.ChartObjects.Add(Left:=ws.Range("F6").Left, _
        Top:=ws.Range("F6").Top, Width:=300, Height:=250)
```

　　上述 Add() 方法的前 2 個參數是圖表位置的左上角座標，此例是 "F6" 儲存格位置，後 2 個參數是圖表的 Width 寬和 Height 高，然後依序設定圖表的屬性，ChartType 屬性是圖表類型，xlColumnClustered 常數就是長條圖。

　　為了方便測試在工作表繪製圖表，在使用 ActiveWorksheet 取得目前作用中的工作表 ws 後，筆者已經自行加上 VBA 程式碼來刪除目前工作表上的所有圖表，如下所示：

```
If ws.ChartObjects.Count > 0 Then
    ws.ChartObjects.Delete
End If
```

　　上述 If 條件敘述判斷是否有圖表，如果有，就呼叫 Delete() 方法刪除圖表，其執行結果可以看到繪製的長條圖，如下圖所示：

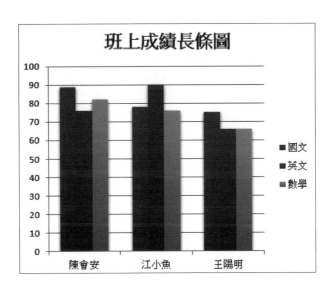

☆ 繪製台積電 2019 年 9 月股價的折線圖　台積電股價_gpt.xlsm

在 Excel VBA 是使用 Excel 檔案 " 台積電股價 _gpt.xlsm"，可以繪製股票開盤、收盤、最高和最低股價的折線圖（Line Plots），其內容如下圖所示：

	A	B	C	D	E	F	G
1	Date	Open	High	Low	Close	Adj Close	Volume
2	2019/9/2	258	258	256	257.5	255.571167	14614854
3	2019/9/3	256.5	258	253	254	252.097382	25762495
4	2019/9/4	254	258	254	257.5	255.571167	22540733
5	2019/9/5	263	263	260.5	263	261.029968	48791728
6	2019/9/6	265	265	263	263.5	261.526215	25408515

ChatGPT 詳細的問題和功能描述（ch4-2a.txt），如下所示：

> Q 你是VBA程式專家，請寫一個VBA程序DrawPlot()，並且加上繁體中文的註解文字，可以在ActiveSheet物件的目前工作表繪製圖表，如下所示：
>
> 圖表種類：折線圖。
>
> 圖表標題："台積電公司股價的折線圖"。
>
> 資料來源："A1:G19"範圍。
>
> 圖表位置："I7"儲存格。
>
> 圖表尺寸：寬450 X 高300。
>
> 圖表樣式索引值：8。

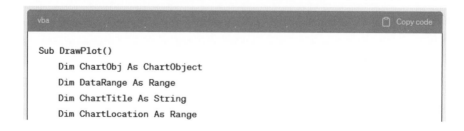

```vba
                                                        📋 Copy code
vba

Sub DrawPlot()
    Dim ChartObj As ChartObject
    Dim DataRange As Range
    Dim ChartTitle As String
    Dim ChartLocation As Range
```

```vba
    Dim ChartWidth As Double
    Dim ChartHeight As Double
    Dim ChartStyle As Long

    ' 設定資料範圍
    Set DataRange = ActiveSheet.Range("A1:G19")

    ' 設定圖表標題
    ChartTitle = "台積電公司股價的折線圖"

    ' 設定圖表位置
    Set ChartLocation = ActiveSheet.Range("I7")

    ' 設定圖表尺寸
    ChartWidth = 450
    ChartHeight = 300

    ' 設定圖表樣式索引值
    ChartStyle = 8

    ' 在工作表上建立圖表物件
    Set ChartObj = ActiveSheet.ChartObjects.Add(ChartLocation.Left, ChartLoc

    ' 設定圖表物件的圖表類型為折線圖
    ChartObj.Chart.ChartType = xlLine

    ' 設定圖表物件的資料範圍
    ChartObj.Chart.SetSourceData Source:=DataRange

    ' 設定圖表物件的圖表標題
    ChartObj.Chart.HasTitle = True
    ChartObj.Chart.ChartTitle.Text = ChartTitle

    ' 設定圖表物件的樣式
    ChartObj.Chart.ChartStyle = ChartStyle
End Sub
```

　　上述 ChatGPT 寫出的 VBA 程式碼是使用 xlLine 常數繪製折線圖，樣式編號是 8，其執行結果可以看到繪製的折線圖，如下圖所示：

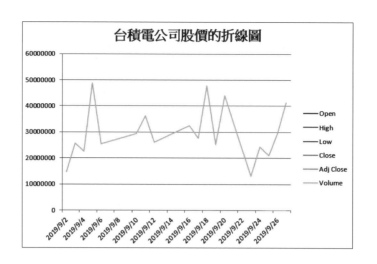

☆ 繪製口味銷售量的派圖

在 Excel VBA 是使用 Excel 檔案 " 口味銷售量
_gpt.xlsm"，可以繪製口味銷售量比例的派圖（Pie
Plots），其內容如右圖所示：

	A	B
1	口味	銷售量
2	蘋果	50
3	葡萄	30
4	香蕉	10
5	巧克力	40

ChatGPT 詳細的問題和功能描述（ch4-2b.txt），如下所示：

> **Q** 你是VBA程式專家，請寫一個VBA程序DrawPlot()，並且加上繁體中
> 文的註解文字，可以在ActiveSheet物件的目前工作表繪製圖表，如下
> 所示：
>
> 圖表種類：派圖。
>
> 圖表標題："口味銷售量派圖"。
>
> 資料來源："A1:B5"範圍。
>
> 圖表位置："D6"儲存格。
>
> 圖表尺寸：寬300 X 高250。
>
> 圖表樣式索引值：Chart.ChartStyle = 24。

```vba
Sub DrawPlot()
    Dim chartObj As ChartObject
    Dim chartDataRange As Range
    Dim chartLocation As Range

    ' 設定資料範圍
    Set chartDataRange = ActiveSheet.Range("A1:B5")

    ' 設定圖表位置
    Set chartLocation = ActiveSheet.Range("D6")

    ' 在目前工作表插入圖表物件
    Set chartObj = ActiveSheet.ChartObjects.Add(Left:=chartLocation.Left, To

    ' 設定圖表種類為派圖
    chartObj.Chart.ChartType = xlPie

    ' 設定圖表標題
    chartObj.Chart.HasTitle = True
    chartObj.Chart.ChartTitle.Text = "口味銷售量派圖"

    ' 設定資料來源
    chartObj.Chart.SetSourceData Source:=chartDataRange

    ' 設定圖表樣式索引值
    chartObj.Chart.ChartStyle = 24
End Sub
```

上 述 ChatGPT 寫 出 的 VBA 程式碼是使用 xlPie 常數繪製派圖，樣式編號是 24，其執行結果可以看到繪製的派圖，如右圖所示：

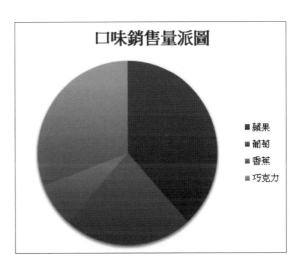

在 Excel VBA 是使用 Excel 檔案 "NBA 球員薪水 _gpt.xlsm"，繪製 2018 年 NBA 球員薪水與得分的散佈圖（Scatter Plots），我們需要建立資料集的 Series 物件來繪出資料點。Excel 檔案的內容如下圖所示：

	A	B	C	D	E	F	G
1	player ▼	pos ▼	salary ▼	TEAM ▼	PTS ▼	REB ▼	AST ▼
2	Stephen Curry	Point Guard	37457154	GSW	26.4	5.1	6.1
3	Chris Paul	Point Guard	35654150	HOU	18.6	5.4	7.9
4	LeBron James	Small Forward	35654150	CLE	27.5	8.6	9.1
5	Russell Westbrook	Point Guard	35350000	OKC	25.4	10.1	10.3
6	Blake Griffin	Power Forward	32088932	DET	21.4	7.4	5.8
7	Gordon Hayward	Shooting Guard	31214295	BOS	2	1	0

ChatGPT 詳細的問題和功能描述（ch4-2c.txt），因為需要建立 Series 物件的資料點，所以列出此部分程式碼，和說明不顯示圖例，如下所示：

> **Q** 你是VBA程式專家，請寫一個VBA程序DrawPlot()，並且加上繁體中文的註解文字，可以在ActiveSheet物件的目前工作表繪製圖表，如下所示：
>
> 圖表種類：散佈圖。
>
> 圖表標題："NBA球員薪水與得分散佈圖"。
>
> 圖表位置："I7"儲存格。
>
> 圖表尺寸：寬300 X 高250。
>
> 資料點座標：yRange範圍是"C2:C98"，y軸標題是"薪水"。
>
> xRange範圍是"E2:E98"，x軸標題是"得分"。
>
> 圖表不顯示Legend。
>
> cht.Chart.SeriesCollection.NewSeries
>
> cht.Chart.SeriesCollection(1).Name = "散佈圖"
>
> cht.Chart.SeriesCollection(1).XValues = xRange
>
> cht.Chart.SeriesCollection(1).Values = yRange

```vba
Sub DrawPlot()
    Dim cht As ChartObject
    Dim xRange As Range, yRange As Range

    ' 設定資料範圍
    Set xRange = ActiveSheet.Range("E2:E98")
    Set yRange = ActiveSheet.Range("C2:C98")

    ' 建立圖表物件
    Set cht = ActiveSheet.ChartObjects.Add(Left:=Range("I7").Left, Top:=Rang

    ' 設定圖表種類
    cht.Chart.ChartType = xlXYScatter

    ' 設定圖表標題
    cht.Chart.HasTitle = True
    cht.Chart.ChartTitle.Text = "NBA球員薪水與得分散佈圖"

    ' 設定軸標題
    cht.Chart.Axes(xlValue).HasTitle = True
    cht.Chart.Axes(xlValue).AxisTitle.Text = "薪水"

    cht.Chart.Axes(xlCategory).HasTitle = True
    cht.Chart.Axes(xlCategory).AxisTitle.Text = "得分"

    ' 設定資料系列
    cht.Chart.SeriesCollection.NewSeries
    cht.Chart.SeriesCollection(1).Name = "散佈圖"
    cht.Chart.SeriesCollection(1).XValues = xRange
    cht.Chart.SeriesCollection(1).Values = yRange

    ' 隱藏圖例
    cht.Chart.HasLegend = False
End Sub
```

上述 ChatGPT 寫出的 VBA 程式碼是使用 xlXYScatter 常數繪製散佈圖，在設定圖表標題後，接著指定 2 個軸的標題文字，然後建立 Series 物件，Values 屬性值是 Y 軸；XValues 屬性值是 X 軸，Name 屬性是這組資料集的名稱，最後指定 HasLegend 屬性值 False 隱藏圖例，其執行結果可以看到繪製的散佈圖，如下圖所示：

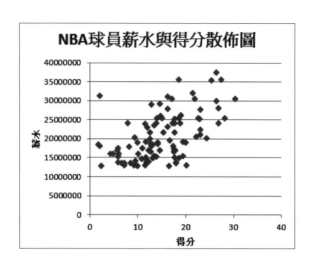

☆ 繪製台積電股價的 K 線圖

台積電股價的K線圖_gpt.xlsm

Excel 檔案 " 台積電股價的 K 線圖 _gpt.xlsm" 是精簡版的 " 台積電股價 _gpt.xlsm"，只有前 18 天的股價資料。我們準備繪製股票開盤、收盤、最高和最低股價的 K 線圖。ChatGPT 詳細的問題和功能描述（ch4-2d.txt），如下所示：

> **Q** 你是VBA程式專家，請寫一個VBA程序DrawPlot()，並且加上繁體中文的註解文字，可以在目前的工作表繪製圖表，如下所示：
>
> 圖表標題："台積電公司股價的K線圖"。
>
> 資料來源："A1:E19"範圍。
>
> 圖表種類：K線圖。
>
> 圖表位置："I7"儲存格。
>
> 圖表尺寸：寬500 X 高300。
>
> 圖表的Bars樣式：
>
> cht.Chart.ChartGroups(1).UpBars.Interior.Color = RGB(255, 0, 0) ' 紅色
>
> cht.Chart.ChartGroups(1).DownBars.Interior.Color = RGB(0, 255, 0) ' 綠色

上述提示文字最後的 2 列 VBA 程式碼是用來指定 Bars 長條樣式，因為 ChatGPT 常常會寫錯屬性，所以列出讓 ChatGPT 使用我們希望的程式碼來撰寫，如下所示：

```vba
Sub DrawPlot()
    Dim cht As ChartObject
    Dim rngData As Range
    Dim chtTitle As String

    ' 設定資料範圍
    Set rngData = ThisWorkbook.ActiveSheet.Range("A1:E19")

    ' 建立圖表
    Set cht = ThisWorkbook.ActiveSheet.ChartObjects.Add(Left:=Range("I7").Le

    ' 設定圖表種類
    cht.Chart.ChartType = xlStockOHLC

    ' 設定圖表標題
    chtTitle = "台積電公司股價的K線圖"
    cht.Chart.HasTitle = True
    cht.Chart.ChartTitle.Text = chtTitle

    ' 設定資料來源
    cht.Chart.SetSourceData rngData

    ' 設定Bars樣式
    cht.Chart.ChartGroups(1).UpBars.Interior.Color = RGB(255, 0, 0) ' 紅色
    cht.Chart.ChartGroups(1).DownBars.Interior.Color = RGB(0, 255, 0) ' 綠色
End Sub
```

上述 ChatGPT 寫出的 VBA 程式碼是使用 xlStockOHLC 常數繪製 K 線圖，不過，因為 VBA 程式碼的順序不對，執行會發生錯誤，VBA 程式碼一定需要先指定資料來源後，才能指定圖表類型，所以修改設定圖表種類的程式碼，將此列程式碼移至設定資料來源之後，如下所示：

' 設定資料來源

' 設定資料來源

```
cht.Chart.SetSourceData rngData
```

' 設定圖表種類

```
cht.Chart.ChartType = xlStockOHLC
```

　　其執行結果可以看到繪製台積電股價的 K 線圖，如下圖所示：

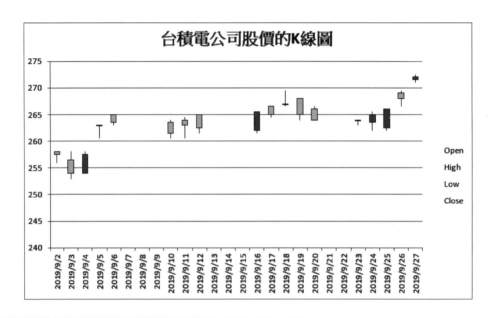

4-3 ChatGPT 應用：自動化 Excel VBA 資料分析

在 Excel 儲存格可以套用「公式」（Formulas），我們可以使用 Excel VBA 來自動化套用公式至指定範圍的儲存格，或使用「樞紐分析表」（Pivot Tables）來自動化執行 Excel VBA 的資料分析。

4-3-1 自動化在 Excel 儲存格套用公式

Excel VBA 可以使用程式碼來自動在 Excel 儲存格套用指定公式等數學運算，其作法和實際 Excel 操作相同，就是將儲存格指定成公式的字串。

在 Excel VBA 是使用 Excel 檔案 " 全班成績管理 _gpt.xlsm"，我們準備使用公式來統計學員成績的三科總分，其內容如下圖所示：

	A	B	C	D	E
1	姓名	國文	英文	數學	
2	陳會安	89	76	82	
3	江小魚	78	90	76	
4	王陽明	75	66	66	
5	張三	68		55	

首先，我們可以詢問 ChatGPT 找出所需的 Excel 公式，其詳細的問題和功能描述（ch4-3-1.txt），如下所示：

 你是Excel專家，我們準備在每一列的"E2"欄儲存格計算"B2:D2"範圍儲存格的總和，請寫出使用的Excel公式可以套用在"E"欄的每一個儲存格？

若要在每一列的"E"欄儲存格計算對應列中"B2:D2"範圍儲存格的總和,可以使用相對參照的公式。假設您希望在"E2"儲存格計算"B2:D2"範圍的總和,然後將此公式套用到"E"欄的每一個儲存格,您可以使用下列公式:

```bash
=SUM($B2:$D2)
```

這裡使用了錨定參照符號($符號)來鎖定範圍的第一個儲存格,但不鎖定列號。這意味著當您將公式拖動或複製到"E"欄的其他儲存格時,B和D的參照會自動調整為對應的列。

上述 ChatGPT 回答 Excel 計算總和套用的公式是 SUM() 函數:

```
=SUM($B2:$D2)
```

現在,我們可以讓 ChatGPT 寫一個 VBA 程序,能夠在指定欄的整欄來套用上述公式,其詳細的問題和功能描述(ch4-3-1a.txt),如下所示:

> **Q** 你是VBA程式專家,請寫一個VBA程序AddFormulas(),並且加上繁體中文的註解文字,可以在目前的工作表的"E1"儲存格填入值"總和",從"E"欄的第2列開始,在儲存格套用下列Excel公式,如下所示:
>
> =SUM($B2:$D2)

當然，我可以幫您寫一個 VBA 程序 `AddFormulas()` 來達到您的需求。下面是程式碼示例：

```vba
Sub AddFormulas()
    Dim lastRow As Long
    Dim ws As Worksheet

    ' 設定要套用公式的工作表
    Set ws = ActiveSheet

    ' 取得最後一列的行號
    lastRow = ws.Cells(ws.Rows.Count, "B").End(xlUp).Row

    ' 在 "E1" 儲存格填入值 "總和"
    ws.Range("E1").Value = "總和"

    ' 從 "E2" 欄的第2列開始套用公式
    ws.Range("E2:E" & lastRow).Formula = "=SUM($B2:$D2)"
End Sub
```

上述 ChatGPT 寫出的 VBA 程式碼是使用下列程式碼找出工作表的最後一列，End(xlUp) 可以找出最後 1 列，Row 屬性取得索引，如下所示：

```
lastRow = ws.Cells(ws.Rows.Count, "B").End(xlUp).Row
```

如果仍然不清楚，我們可以詢問 ChatGPT 上述 VBA 程式碼的功能，其詳細的問題描述（ch4-3-1b.txt），如下所示：

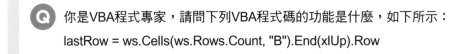

你是VBA程式專家，請問下列VBA程式碼的功能是什麼，如下所示：
lastRow = ws.Cells(ws.Rows.Count, "B").End(xlUp).Row

這行 VBA 程式碼的功能是找到指定工作表（`ws`）中某個欄位（在這個例子中是 "B" 欄）的最後一個非空儲存格所在的列數。

讓我們來解釋這段程式碼的各個部分：

- `ws` 是一個代表工作表的變數。在此處，`ws` 是根據先前設定的工作表（例如，使用 `Set ws = ActiveSheet`）來指定的。
- `Cells()` 方法用於訪問工作表上的特定儲存格。在此處，`ws.Cells(ws.Rows.Count, "B")` 意味著在 `ws` 工作表的 "B" 欄中的最後一個儲存格。
- `ws.Rows.Count` 表示該工作表的總行數。
- `End(xlUp)` 用於從指定的儲存格（最後一行）開始向上搜索，直到找到第一個非空儲存格。在此處，該方法將從 `ws.Cells(ws.Rows.Count, "B")`（"B" 欄的最後一行）開始向上搜索。
- `Row` 屬性返回找到的第一個非空儲存格的列數。
- 最後，將找到的列數賦值給 `lastRow` 變數，以便在後續程式中使用。

上述 ChatGPT 的回答詳細說明程式碼的每一部分。然後使用 Range 物件從 "E2" 欄的第 2 列儲存格開始套用公式，如下所示：

```
ws.Range("E2:E" & lastRow).Formula = "=SUM($B2:$D2)"
```

上述程式碼使用 Formula 屬性來套用公式。其執行結果請按套用公式鈕，可以在 "E" 欄顯示計算出的每一列總和，如下圖所示：

	A	B	C	D	E	F	G	H
1	姓名	國文	英文	數學	總和			
2	陳會安	89	76	82	247		套用公式	
3	江小魚	78	90	76	244			
4	王陽明	75	66	66	207			
5	張三	68		55	123		清除	
6								

4-3-2 自動化在 Excel 建立樞紐分析表

樞紐分析表（Pivot Tables）是十分重要的商業分析工具，我們可以透過樞紐分析表，從原本雜亂無章的表格資料，快速找出所需的資訊。樞紐分析表需要指定欄標籤區域、列標籤區域和值區域的欄位，如右圖所示：

Excel VBA 的樞紐分析表就是 PivotTable 物件，我們是呼叫 PivotTableWizard() 方法在工作表建立樞紐分析表，其執行結果會新增一個 Excel 工作表，而在此工作表之中就是建立的樞紐分析表。

我們準備使用 Excel 檔案 " 文具商品採購清單 _gpt.xlsm" 來建立樞紐分析表，其內容如右所示：

	A	B	C	D	E
1	部門	分類	項目	數量	金額
2	人事部	辦公用品	剪刀	5	275
3	人事部	辦公用品	美工刀	2	90
4	人事部	辦公用品	釘書機	2	96
5	人事部	辦公用品	剪刀	2	110
6	人事部	辦公用品	美工刀	3	135
7	人事部	辦公用品	釘書機	4	192
8	人事部	書寫用品	原子筆(黑	4	40
9	人事部	書寫用品	原子筆(紅	6	60
10	人事部	書寫用品	原子筆(藍	6	60
11	人事部	書寫用品	原子筆(黑	5	50
12	人事部	書寫用品	原子筆(紅	5	50

上述 Excel 工作表所建立的樞紐分析表，其列標籤是部門欄；欄標籤是分類和項目欄，值區域是數量欄的加總，這就是聚合函數。ChatGPT 詳細的問題和功能描述（ch4-3-2.txt），如下所示：

> **Q** 你是VBA程式專家，請寫一個VBA程序CreatePivotTable()，並且加上繁體中文的註解文字，可以用目前工作表的資料來建立樞紐分析表，如下所示：
>
> 資料來源："A1:E53"範圍。
>
> 列標籤是："部門"。

欄標籤是："分類"和"項目"。

值是："數量"。

聚合函數：SUM。

Set pvtField = pvtTable.PivotFields("部門")

pvtField.Orientation = xlRowField

因為 Excel VBA 有多種寫法來建立樞紐分析表，在提示文字最後的 2 列 VBA 程式碼，可以讓 ChatGPT 使用我們希望的方法來建立樞紐分析表，如下所示：

```vba
Sub CreatePivotTable()
    Dim pvtTable As PivotTable
    Dim pvtField As PivotField
    Dim ws As Worksheet

    ' 取得目前的工作表
    Set ws = ActiveSheet

    ' 設定樞紐分析表的資料範圍
    Set pvtTable = ws.PivotTableWizard(SourceType:=xlDatabase, SourceData:=w

    ' 設定列標籤
    Set pvtField = pvtTable.PivotFields("部門")
    pvtField.Orientation = xlRowField

    ' 設定欄標籤
    Set pvtField = pvtTable.PivotFields("分類")
    pvtField.Orientation = xlColumnField

    ' 設定第二個欄標籤
    Set pvtField = pvtTable.PivotFields("項目")
    pvtField.Orientation = xlColumnField

    ' 設定值欄位
    Set pvtField = pvtTable.PivotFields("數量")
```

```
        pvtField.Orientation = xlDataField
        pvtField.Function = xlSum

        ' 顯示樞紐分析表
        pvtTable.TableRange2.Select
    End Sub
```

上述 ChatGPT 寫出的 VBA 程式碼是使用 PivotTableWizard() 方法設定樞紐分析表的資料範圍，如下所示：

```
Set pvtTable = ws.PivotTableWizard(SourceType:=xlDatabase, _
                                   SourceData:=ws.Range("A1:E53"))
```

上述方法的 SourceData 參數是資料來源的 Range 物件，然後依序指定樞紐分析表的列標籤（xlRowField）、欄標籤（xlColumnField）和值標籤（xlDataField），最後是 xlSum 常數的 SUM() 聚合函數，如下所示：

```
pvtField.Function = xlSum
```

請啟動 Excel 開啟 " 文具商品採購清單 _gpt.xlsm" 檔案，按**建立樞紐分析表**鈕建立樞紐分析表，如下圖所示：

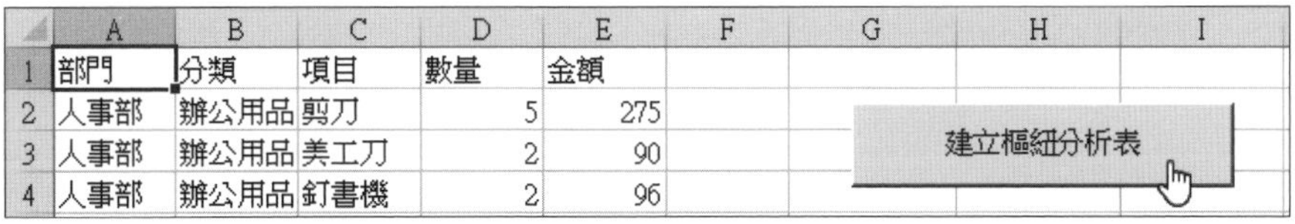

	A	B	C	D	E
1	部門	分類	項目	數量	金額
2	人事部	辦公用品	剪刀	5	275
3	人事部	辦公用品	美工刀	2	90
4	人事部	辦公用品	釘書機	2	96

可以在新增的**工作表 2** 工作表看到 VBA 程式建立的樞紐分析表，如下圖所示：

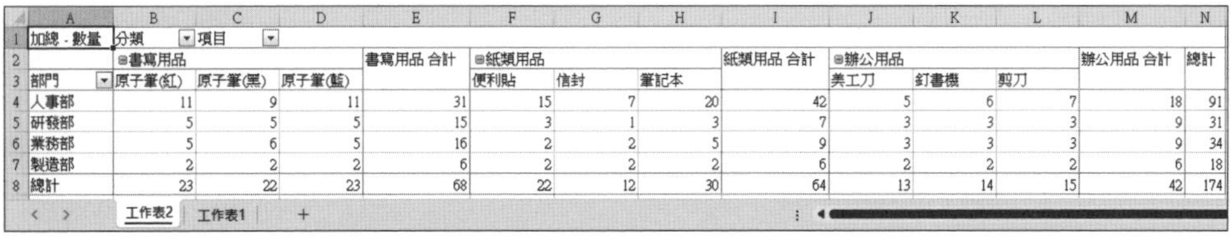

	A	B	C	D	E	F	G	H	I	J	K	L	M	N
1	加總 - 數量	分類	項目											
2		⊟書寫用品			書寫用品 合計	⊟紙類用品			紙類用品 合計	⊟辦公用品			辦公用品 合計	總計
3	部門	原子筆(紅)	原子筆(黑)	原子筆(藍)		便利貼	信封	筆記本		美工刀	釘書機	剪刀		
4	人事部	11	9	11	31	15	7	20	42	5	6	7	18	91
5	研發部	5	5	5	15	3	1	3	7	3	3	3	9	31
6	業務部	5	6	5	16	2	2	5	9	3	3	3	9	34
7	製造部	2	2	2	6	2	2	2	6	2	2	2	6	18
8	總計	23	22	23	68	22	12	30	64	13	14	15	42	174

4-4 ChatGPT 應用：匯出 Excel 工作表成為 CSV 和 PDF 檔

Excel VBA 可以呼叫 Worksheet 物件的 SaveAs() 方法將工作表另存成 CSV 檔案，或呼叫 ExportAsFixedFormat() 方法匯出成 PDF 檔。首先是將工作表另存成 CSV 檔案，ChatGPT 詳細的問題和功能描述（ch4-4.txt），如下所示：

 你是VBA程式專家，請寫一個VBA程序ExportCSV()，可以將目前的工作表匯出成和Excel檔案相同目錄的CSV檔案，檔名是"output.csv"。

```vba
Sub ExportCSV()
    Dim filePath As String
    Dim fileName As String

    ' 取得目前活頁簿的路徑和檔名
    filePath = ThisWorkbook.Path
    fileName = "output.csv"

    ' 檢查檔案是否已存在，若存在則刪除
    If Dir(filePath & "\" & fileName) <> "" Then
        Kill filePath & "\" & fileName
    End If

    ' 匯出目前的工作表為 CSV 檔案
    ActiveSheet.SaveAs fileName:=filePath & "\" & fileName, FileFormat:=xlCS

    MsgBox "CSV 檔案已匯出至 " & filePath & "\" & fileName, vbInformation
End Sub
```

上述 ChatGPT 寫出的 VBA 程式碼在取得輸出的檔案路徑後，呼叫 SaveAs() 方法另存成 CSV 格式的檔案。接著是將工作表匯出成 PDF 檔，ChatGPT 詳細的問題和功能描述（ch4-4a.txt），如下所示：

> **Q** 你是VBA程式專家，請寫一個VBA程序ExportPDF()，可以將目前的工作表和圖表匯出成和Excel檔案相同目錄的PDF檔案，檔名是"output.pdf"。

```vba
Sub ExportPDF()
    Dim filePath As String
    Dim fileName As String

    ' 取得目前活頁簿的路徑和檔名
    filePath = ThisWorkbook.Path
    fileName = "output.pdf"

    ' 檢查檔案是否已存在，若存在則刪除
    If Dir(filePath & "\" & fileName) <> "" Then
        Kill filePath & "\" & fileName
    End If

    ' 匯出目前的工作表和圖表為 PDF 檔案
    ActiveSheet.ExportAsFixedFormat Type:=xlTypePDF, Filename:= _
        filePath & "\" & fileName, Quality:=xlQualityStandard, _
        IncludeDocProperties:=True, IgnorePrintAreas:=False

    MsgBox "PDF 檔案已匯出至 " & filePath & "\" & fileName, vbInformation
End Sub
```

上述 ChatGPT 寫出的 VBA 程式碼在取得輸出的檔案路徑後，呼叫 ExportAsFixedFormat() 方法匯出成 PDF 檔，Type 參數值是 xlTypePDF 常數。

請在 Excel 檔案 " 匯出 CSV 和 PDF 檔 _gpt.xlsm" 新增 2 個按鈕，可以分別呼叫上述 ChatGPT 寫出的 ExportCSV() 和 ExportPDF() 程序來匯出 CSV 和 PDF 檔，如下圖所示：

	A	B	C	D	E	F	G	H	I
1	日期	開盤	最高	最低	收盤	調整後收盤	成交量		
2	2019/9/2	258	258	256	257.5	255.571167	14614854		
3	2019/9/3	256.5	258	253	254	252.097382	25762495		匯出CSV
4	2019/9/4	254	258	254	257.5	255.571167	22540733		
5	2019/9/5	263	263	260.5	263	261.029968	48791728		匯出PDF
6	2019/9/6	265	265	263	263.5	261.526215	25408515		
7	2019/9/10	263.5	264	260.5	261.5	259.541199	29308866		

上述 2 個按鈕的執行結果，可以在相同目錄分別新增名為 "output.csv" 和 "output.pdf" 的檔案。

① 請問什麼是資料視覺化？我們常用資料視覺化的基本圖表有哪些？

② 請問 Excel VBA 的圖表是什麼物件？樞紐分析表是什麼物件？

③ 請使用 ChatGPT 建立一個 VBA 程序，可以將 CSV 檔案「ch04/ stock.csv」讀入 Excel 工作表後，繪出 5 天股價的折線圖。

④ 請使用「ch04/ 營業額 .xlsm」的 Excel 檔案，使用 ChatGPT 建立一個 VBA 程序，可以分別在 "D9" 和 "D10" 儲存格套用公式來計算出營業額欄位的總和和平均。

⑤ 請使用第 4-3-2 節的 Excel 檔案 " 文具商品採購清單 _gpt.xlsm"，詢問 ChatGPT 寫出一個 VBA 程序來建立樞紐分析表，此樞紐分析表沒有列標籤；欄標籤是分類和項目欄，值區域是數量欄的加總。

⑥ 請在學習評量第 ④ 題的 Excel 檔案新增一個按鈕，可以匯出 Excel 工作表成為 PDF 檔。

MEMO

CHAPTER

5

認識動態網頁技術
與網路爬蟲

- 5-1 網路爬蟲與 URL 網址
- 5-2 認識 JavaScript 動態網頁內容
- 5-3 Excel VBA 網路爬蟲的基本步驟
- 5-4 Chrome 開發人員工具的使用
- 5-5 ChatGPT 應用：學習 Excel VBA 網路爬蟲的好幫手

5-1 網路爬蟲與 URL 網址

網路爬蟲是 AI 人工智慧世代必備的一種資料擷取術，可以讓我們直接從 Web 網站的網頁內容來擷取出所需的內容。

5-1-1 網路爬蟲的基礎

「網路爬蟲」（Web Scraping）或稱為網路資料擷取（Web Data Extraction）是一種資料擷取技術，可以直接從 Web 網站的 HTML 網頁擷取出所需的資料，其過程包含與 Web 資源進行通訊，剖析文件取出資料和將資料整理成資訊，最後轉換成所需格式。

☆ 認識網路爬蟲

一般來說，Web 網站內容很多都是使用關聯式資料庫的結構化資料所產生網頁內容，但是因為網頁的版面配置，造成內容成為了結構不佳的資料。網路爬蟲就是從 Web 網站取出非表格或結構不佳的資料後，將之轉換成可用和結構化的資料，如下圖所示：

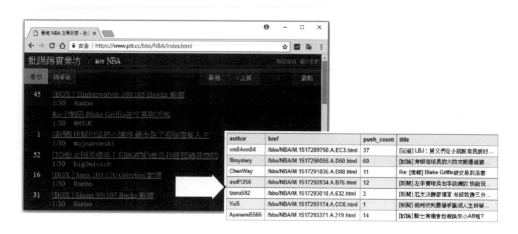

上述圖例是從 PTT NBA 板的網頁內容擷取出資料所轉換成的結構化資料（使用表格方式呈現的資料）。網路爬蟲的目的就是轉換 Web 網站的 HTML 網頁內容成為結構化資料，在整理後儲存起來，我們可以存入關聯式資料庫，或 Excel 試算表、CSV 或 JSON 檔案。

☆ 網路爬蟲的基本知識 – HTTP 通訊協定

瀏覽器和 Excel VBA 網路爬蟲都是使用「HTTP 通訊協定」（Hypertext Transfer Protocol）送出 HTTP 的 GET 請求（目標是 URL 網址的網站），可以向 Web 伺服器請求所需的 HTML 網頁資源，如下圖所示：

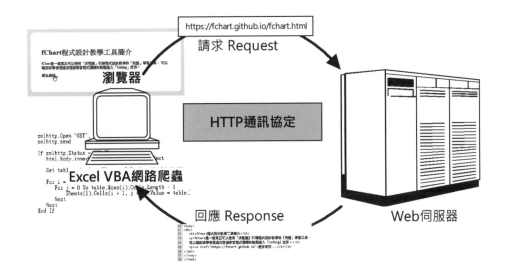

上述過程以瀏覽器來說，如同你（瀏覽器）向父母要零用錢 500 元，使用 HTTP 通訊協定的國語向父母要零用錢，父母是伺服器，也懂 HTTP 通訊協定的國語，所以聽得懂要 500 元，最後 Web 伺服器回傳資源 500 元，也就是父母將 500 元交到你手上。

簡單的說，Excel VBA 網路爬蟲就是模擬我們使用瀏覽器瀏覽網頁的行為，只是改用 Excel VBA 程式碼向 Web 網站送出 HTTP 請求，在取得回應的 HTML 網頁後，剖析 HTML 網頁來擷取出所需的資料。

解析 URL 網址

網路爬蟲的第一步就是找到目標網頁所在的 URL 網址（包含完整 URL 參數），這是從 Web 伺服器取得資源的門牌號碼。你可以想像在 Web 星球（WWW）上有眾多水果園（網站）和 HTML 水果樹（網頁），我們需要使用 URL 網址（含 URL 參數）在水果園中找到目標水果樹（HTML 網頁）後，才能真正爬上水果樹來開始摘水果。

例如：在 www.example.com 網站（水果園）指定網頁（水果樹）的 URL 網址，如下所示：

定位網站的水果園　　　　　　　　　　定位網頁的水果樹

http://www.example.com:80/test/index.php?user=joe

上述 URL 網址包含網域名稱、資源路徑和 URL 參數。其各部分的說明如下所示：

◆ http：在「://」符號之前是通訊協定，http 是指 HTTP 通訊協定，https 是 HTTP 的加密傳輸版本。

◆ www.example.com：Web 網站的網域名稱，此網域會透過 DNS（Domain Name System）服務轉換成 IP 位址。

◆ 80：在「:」符號之後是通訊埠號，Web 預設的埠號是 80，如果使用預設埠號不用指明。在此之前的 URL 網址是在定位水果園在哪裡？

◆ /test/index.php：請求指定 HTML 網頁資源的路徑。在此之後的 URL 網址就是在定位水果園中的目標水果樹是哪一棵？

◆ user=joe：在「?」符號之後是傳遞的 URL 參數，位在「=」前是參數名稱；之後是參數值，如果不只一個，請使用「&」連接。

5-1-3 網站巡覽結構：找到下一頁網頁

Web 網站如果是一個水果園，在同一水果園有多棵水果樹，如同 Web 網站有多頁 HTML 網頁。網站巡覽（Site Navigation）就是網站的導覽介面，可以幫助使用者在網站中找到目標網頁。當 Excel VBA 網路爬蟲需要爬取網站的多頁網頁時，我們就需要了解網站巡覽結構來幫助我們找出下一頁的網頁在哪裡？如下圖所示：

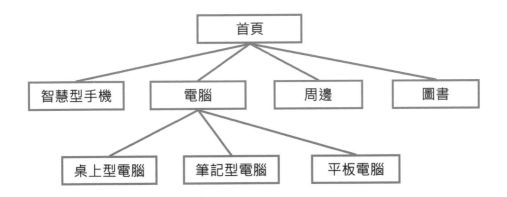

上述樹狀結構是購物網站的巡覽結構，在首頁下將商品分成：智慧型手機、電腦、周邊和圖書等產品線，各產品線下進一步使用種類來區分。例如：電腦再分為桌上型、筆記型和平板電腦三種，每一種分類的產品項目如果超過一頁，就是使用分頁方式來進行網頁巡覽。

5-2 認識 JavaScript 動態網頁內容

基本上，在瀏覽器看到的網頁內容是使用 HTML+CSS 產生（詳見第 6 章），另外一個重要成員就是 JavaScript 語言。

5-2-1 JavaScript 腳本語言

JavaScript 是 Netscape Communication Corporation（網景公司）在 1995 年 Netscape 2.0 版正式發表的腳本語言，提供該公司瀏覽器產品 Netscape Navigator 開發互動網頁的功能。

隨著多年發展，JavaScript 已經成為目前瀏覽器最普遍支援的腳本語言，各大瀏覽器 Microsoft Edge、Chrome 和 Firefox 等都支援 JavaScript。JavaScript 可以替網頁建立動態內容，簡單地說，就是執行 JavaScript 程式碼來產生 HTML 網頁內容。

☆ HTML、CSS 與 JavaScript

HTML、CSS 與 JavaScript 是瀏覽器產生網頁內容的鐵三角，如圖所示：

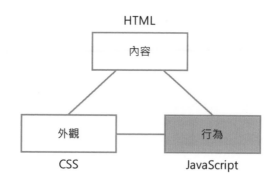

在瀏覽器顯示的網頁可以分成：內容、外觀和行為，HTML 是內容（即資料）、CSS 格式化內容來顯示外觀，JavaScript 建立網頁行為的動態內容（進一步可以使用 HTML 表單與使用者進行互動）。

☆ JavaScript 動態產生的網頁內容

JavaScript 可以在瀏覽器動態產生網頁內容，我們可以想像從 Web 伺服器回傳的 HTML 標籤是一位素顏的網紅，瀏覽器依據 CSS 替網紅化妝後，成為網路上認識的網紅，最後使用 JavaScript 執行美顏模式，就成為當紅的網紅。

網路爬蟲擷取的目標是 HTML 標籤中的資料，CSS 外觀不會影響 HTML 標籤的資料，問題是 JavaScript 能夠在客戶端更改 HTML 標籤內容，換句話說，當執行 JavaScript 程式碼後，如果 JavaScript 有更改到目標資料的 HTML 標籤，就會影響網路爬蟲欲擷取的資料，因為：

「瀏覽器會執行 JavaScript 程式碼，但是從 Excel VBA 爬蟲程式送出的 HTTP 請求，並不一定會執行 JavaScript 程式碼」。

5-2-2 Quick JavaScript Switcher 擴充功能

Google Chrome 瀏覽器的 Quick JavaScript Switcher 擴充功能，可以快速切換是否執行 JavaScript 程式，方便我們檢查執行 JavaScript 程式是否會影響欲擷取的目標資料。

☆ 安裝 Quick JavaScript Switcher

在 Chrome 瀏覽器安裝 Quick JavaScript Switcher 擴充功能的步驟，如下所示：

Step 1 請 啟 動 Chrome 瀏 覽 器， 輸 入「https://chrome.google.com/webstore/」，進入應用程式商店，在左上方欄位輸入 JavaScript Switcher，可以在右邊看到搜尋結果，第 1 個就是 Quick JavaScript Switcher。

Step 2 在點選後，按加到 Chrome 鈕。

Step 3 可以看到權限說明對話方塊，按新增擴充功能鈕安裝 Quick JavaScript Switcher。

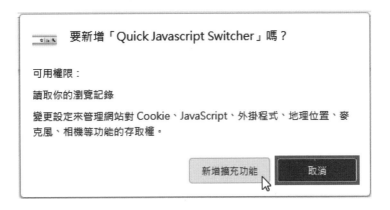

Step 4 稍等一下，即可看到已經在工具列新增擴充功能的圖示，如下圖所示：

☆ 使用 Quick JavaScript Switcher

當成功新增 Quick JavaScript Switcher 擴充功能後，就可以點選圖示來切換是否執行 JavaScript，例如：本書測試的 URL 網址，如下所示：

```
https://fchart.github.io/books.html
```

上述網頁內容是一份圖書清單，在右上方工具列 Quick JavaScript Switcher 的 JS 圖示左上方有小綠點，表示目前是執行 JavaScript 的開啟狀態。點選圖示，切換成圖示左下方有小紅點即關閉執行 JavaScript，可以看到圖書清單也不見了，如下圖所示：

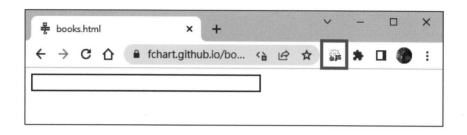

再點選 JS 圖示可以再次執行 JavaScript。看出來了嗎！如果欲爬取的目標資料是圖書清單，因為 HTML 標籤是執行 JavaScript 後才產生的網頁內容，如果在爬取時無法完整執行 JavaScript 程式，就無法爬取這些資料，因為這些資料根本不存在從伺服端回傳的 HTML 原始程式碼。

 我們在 Chrome 瀏覽器的網頁內容上，可以執行右鍵快顯功能表的檢視網頁原始碼命令，檢視的是從伺服器回傳的原始資料。在第 5-4 節使用開發人員工具在 Elements 標籤檢視網頁內容，這是執行 JavaScript 後的內容，也就是說，如果網頁內容是 JavaScript 程式碼所產生，這兩個 HTML 標籤內容是不同的。

5-3 Excel VBA 網路爬蟲的基本步驟

「VBA」（Visual Basic for Applications）是微軟 Office 軟體支援的程式語言，我們一樣可以使用 Excel VBA 建立網路爬蟲來擷取我們所需的資料。

因為網路爬蟲涉及向 Web 網站送出 HTTP 請求，和從取回的 HTML 網頁中定位出所需的資料，在擷取出資料後，我們需要儲存這些資料，所以 Excel VBA 網路爬蟲的基本步驟，如下所示：

◆ 步驟一：找出目標 URL 網址和參數。

◆ 步驟二：判斷網頁內容是如何產生。

◆ 步驟三：擬定擷取資料的網路爬蟲策略。

◆ 步驟四：將取得資料儲存成檔案或 Excel 工作表。

☆ 步驟一：找出目標 URL 網址和參數

網路爬蟲的第一步是找出目標資料是位在 Web 網站的單一頁面，或多頁不同的頁面，我們可以使用瀏覽器來確認目標資料所在的 URL 網址和相關參數值。例如：如果是分頁巡覽的多個頁面，我們還需要確認 URL 參數中是否有分頁參數。

☆ 步驟二：判斷網頁內容是如何產生

當成功找出目標 URL 網址和參數後，接著需要判斷網頁內容是如何產生，請在 Chrome 瀏覽器瀏覽目標的 URL 網址，和使用 Quick JavaScript Switcher 擴充功能來切換執行 JavaScript 程式碼，以便判斷網頁內容是否有改變，其說明如下所示：

◆ **網頁內容完全相同**：不論是否執行 JavaScript 程式碼，網頁內容都一樣，表示是靜態網頁，不包含 JavaScript 程式碼。

◆ **網頁內容有差異，但目標資料沒有改變**：JavaScript 程式碼只影響非目標資料（例如：使用介面），因為目標資料仍然存在，其操作和靜態網頁沒有什麼不同。

◆ **目標資料已經消失**：執行 JavaScript 程式影響到目標資料，我們需要判斷是否是 AJAX 網頁（資料完全消失），還是部分透過 JavaScript 程式碼來產生目標資料（只有部分資料消失）。

☆ 步驟三：擬定擷取資料的網路爬蟲策略

當判斷出網頁內容的產生方式後，如果執行 JavaScript 程式碼會影響到目標資料，我們需要使用 Chrome 開發人員工具檢查 Network 標籤的請求清單，以便判斷是否是 AJAX 技術（如果可以找到 Web API，就可以直接下載資料）。

如果是互動網頁，需要使用者輸入 HTML 表單資料，或使用滑鼠操作表單介面後才能顯示目標資料，例如：在旅館訂房網需要輸入地點、日期、人數等資料後，按下按鈕，才能搜尋訂房資料，這是一種與使用者互動的動態網頁，我們需要使用第 10 章的 IE 自動化來取得網頁資料。

如果執行 JavaScript 程式碼不會影響目標資料，表示送出的 HTTP 請求可以成功取回目標資料的 HTML 標籤，接著，我們就需要定位目標資料所在的位置，Excel VBA 常用的定位技術如下所示：

◆ DOM 方法：使用 HTMLDocument 物件的方法來取得指定標籤名稱、id 屬性值和 class 屬性值的 HTML 標籤。

◆ CSS 選擇器（CSS Selector）：CSS 選擇器是 CSS 層級式樣式表語法規則的一部分，可以定義哪些 HTML 標籤需要套用 CSS 樣式，也就是定位出哪些 HTML 標籤需套用樣式。

☆ 步驟四：將取得資料儲存成檔案或 Excel 工作表

在爬取和收集好網路資料後，我們需要整理成結構化資料，和儲存起來，一般來說，我們會將資料直接儲存至 Excel 工作表，或儲存成 CSV 檔案或 JSON 檔案，其簡單說明如下所示：

◆ CSV 檔案：檔案內容是使用純文字方式表示的表格資料，這是一個文字檔案，其中的每一行是表格的一列，每一個欄位是使用「,」逗號來分隔，微軟 Excel 可以直接開啟 CSV 檔案。

◆ JSON 檔案：全名 JavaScript Object Notation，這是一種類似 XML 的資料交換格式，事實上，JSON 就是 JavaScript 物件的文字表示法，其內容只有文字（Text Only），在第 9-1-2 節有進一步的說明。

5-4 Chrome 開發人員工具的使用

Google Chrome 瀏覽器內建開發人員工具（Developer Tools），可以幫我們即時檢視 HTML 元素與屬性，或取得選擇元素的 CSS 選擇器字串。

5-4-1 開啟開發人員工具

在啟動 Chrome 瀏覽器後，除了執行功能表的更多工具 / 開發人員工具命令開啟開發人員工具外，還有多種方法來開啟開發人員工具。

☆ 在瀏覽器切換開啟 / 關閉開發人員工具 　　　Example.html

請啟動 Chrome 瀏覽器載入 HTML 網頁 Example.html 後，按 `F12` 或 `Ctrl` + `Shift` + `I` 鍵，即可切換開啟 / 關閉開發人員工具，如下圖所示：

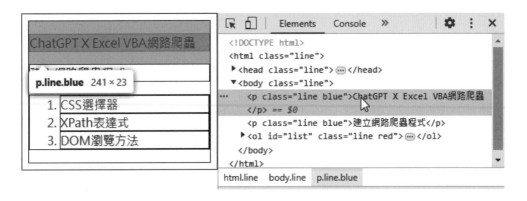

上述開發人員工具是停駐在視窗右邊，請選 Elements 標籤後，選取第 1 個 HTML 標籤 <p> 後，會在左邊顯示選取的網頁元素，和使用浮動框顯示對應的 HTML 標籤和元素尺寸 p.line.blue 241 x 23，前方的 p 是 <p> 標籤，line 和 blue 是 class 屬性值；後方數字是方框尺寸。

☆ 使用「檢查」命令開啟開發人員工具

在 Chrome 瀏覽器開啟 Example.html 網頁內容後,請在欲檢視的元素上,點選**右鍵**開啟快顯功能表,可以看到最後的**檢查**命令(執行**檢視網頁原始碼**命令是顯示網頁的 HTML 標籤),如下圖所示:

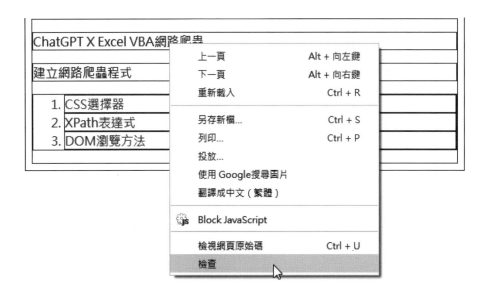

執行**檢查**命令,即可開啟開發人員工具,顯示此元素對應的 HTML 標籤,以此例是 <p> 標籤。

5-4-2 檢視 HTML 元素

Google Chrome 瀏覽器的開發人員工具提供多種方式來幫助我們檢視 HTML 元素。

☆ Elements 標籤頁

在開發人員工具選 Elements 標籤頁,可以顯示 HTML 元素的 HTML 標籤,我們可以在此標籤檢視 HTML 元素,例如:選 Example.html 網頁的第 2 個 <p> 標籤,如下圖所示:

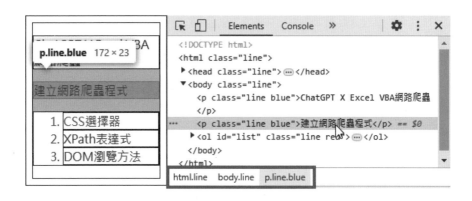

當選取 HTML 標籤，可以在左方顯示對應 HTML 標籤的網頁元素，在下方狀態列的 html.line body.line p.line.blue 是 HTML 標籤的階層結構，「.」符號後的 line 和 blue 是此標籤的 class 屬性值。

☆ 選取 HTML 元素

開發者人員工具提供多種方法來選取 HTML 網頁中的元素，如下所示：

◆ **使用滑鼠游標在網頁內容選取**：首先點選 Elements 標籤前方的箭頭鈕，然後在左方網頁內容選取元素，當滑鼠游標移至欲選取元素範圍時，就會在元素周圍顯示藍底，表示是欲選取元素，在右方對應的 HTML 標籤顯示淡藍色的底色，以此例是第 1 個 <li> 標籤，如下圖所示：

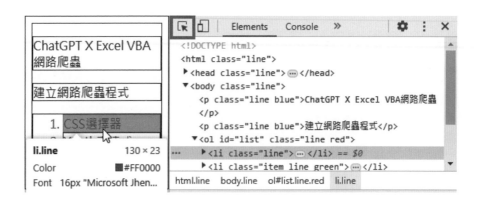

◆ **在 Elements 標籤選取**：請直接展開 HTML 標籤的節點來選取指定的 HTML 元素，例如：第 3 個 <li> 標籤，如下圖所示：

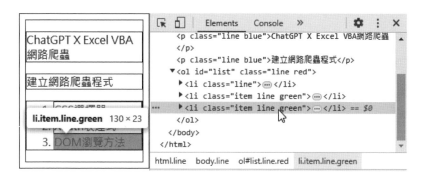

5-4-3 取得選取元素的網頁定位資料

在 HTML 網頁選取元素後，開發人員工具可以產生網頁定位資料的 CSS 選擇器字串。我們只需選取指定的 HTML 元素後，即可輸出此元素定位的 CSS 選擇器。

例如：選取第 1 個 <p> 標籤，執行右鍵快顯功能表的 Copy/Copy selector 命令，如下圖所示：

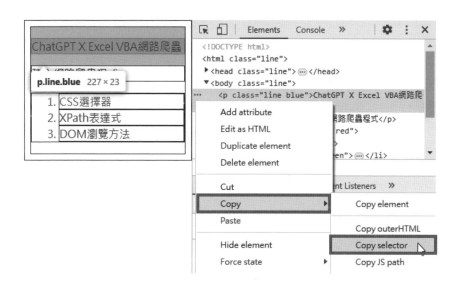

可以將 CSS 選擇器字串複製到剪貼簿，如下所示：

```
body > p:nth-child(1)
```

5-5 ChatGPT 應用：學習 Excel VBA 網路爬蟲的好幫手

ChatGPT 可以作為幫助我們學習資訊科技的好幫手，提供我們學習 Excel VBA 網路爬蟲的方法與方向，當學習 Excel VBA 網路爬蟲時有任何問題，都可以直接詢問 ChatGPT 來獲得解答。

在使用 ChatGPT 時，可以在提示文字指定使用的語言來回答問題，例如：繁體中文。首先詢問 ChatGPT 學習 Excel VBA 網路爬蟲的步驟，因為 ChatGPT 善於抓重點和條列步驟，在詢問時記得指明項目數和一步一步的條列，其詳細的問題描述（ch5-5.txt），如下所示：

 你是Excel VBA網路爬蟲專家，請使用繁體中文一步一步列出2步學習 Excel VBA網路爬蟲的方法？

 當然！以下是學習 Excel VBA 網路爬蟲的兩個步驟：

步驟一：了解 Excel VBA 基礎

1. 學習 VBA 程式語言：Excel VBA 是一種基於 Visual Basic for Applications（VBA）語言的自動化編程工具。要學習 Excel VBA，您需要熟悉 VBA 語法和概念。可以通過閱讀書籍、參加線上教學課程或觀看教學視頻來學習 VBA。
2. 瞭解 Excel VBA 物件模型：Excel VBA 使用物件模型來控制 Excel 應用程式及其各個元素（例如工作簿、工作表和儲存格）。您應該熟悉 Excel VBA 的物件模型，以便能夠使用適當的物件和方法進行編程。可以參考官方文件、線上教學資源或教學課程來學習 Excel VBA 的物件模型。

步驟二：學習網路爬蟲相關技術

1. 瞭解 HTML 和網頁結構：網路爬蟲需要解析網頁的 HTML 結構以獲取所需的資訊。學習基本的 HTML 語法和網頁結構對於理解網頁元素的定位和提取非常重要。可以參考線上教學資源或書籍學習 HTML。

　　上述 ChatGPT 的回答是學習 Excel VBA 網路爬蟲的大方向，我們可以縮小問題，針對定位網頁元素的方法來詢問。請繼續對話過程，ChatGPT 詳細的問題描述（ch5-5a.txt），如下所示：

> 請使用繁體中文，列出我們需要學習Excel VBA網路爬蟲定位目標資料的方法有哪些？

學習 Excel VBA 網路爬蟲時，我們可以使用以下方法來定位目標資料：

1. HTML 元素的標籤名稱和屬性：HTML 元素的標籤名稱和屬性通常用於識別和定位網頁上的特定區域或元素。您可以使用 VBA 中的方法和屬性來搜索和提取特定的 HTML 元素。例如，使用 Document.GetElementByID、Document.GetElementsByClassName、Document.GetElementsByTagName 等方法可以獲取特定標籤名稱或屬性值的元素。

2. XPath：XPath 是一種用於定位 XML 和 HTML 文件中節點的語言。它提供了一種簡潔的方式來選擇和提取目標元素。在 VBA 中，您可以使用 MSXML2.DOMDocument 或 Microsoft.XMLDOM 等類別來解析 HTML 文件，然後使用 XPath 表達式來定位目標元素。

3. CSS 選擇器：CSS 選擇器是一種用於選擇 HTML 元素的語法。在網路爬蟲中，您可以使用 CSS 選擇器來定位目標元素。可以使用 VBA 中的方法和屬性來搜尋和提取符合特定 CSS 選擇器的元素。例如，使用 Document.querySelector 或 Document.querySelectorAll 方法可以使用 CSS 選擇器來定位元素。

4. 正則表達式：如果目標資料沒有特定的標籤名稱或屬性，您可以使用正則表達式來匹配和提取特定的文字模式。VBA 中提供了正則表達式的支援，您可以使用 RegExp 物件來進行匹配和提取。

　　在 Excel VBA 爬蟲的學習過程中，如果發現有些專有名詞不了解，或是物件的方法不知如何使用，我們都可以詢問 ChatGPT，例如：Document.querySelector() 方法。請繼續對話過程，ChatGPT 詳細的問題描述（ch5-5b.txt），如下所示：

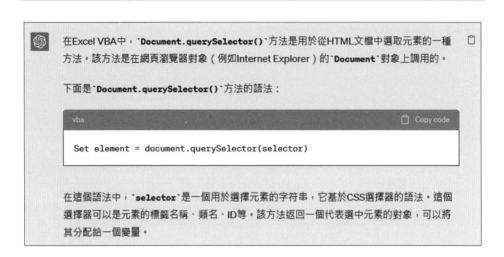

Q 請使用繁體中文，說明Excel VBA爬蟲Document.querySelector()方法的語法？

在Excel VBA中，`Document.querySelector()`方法是用於從HTML文檔中選取元素的一種方法。該方法是在網頁瀏覽器對象（例如Internet Explorer）的`Document`對象上調用的。

下面是`Document.querySelector()`方法的語法：

```vba
Set element = document.querySelector(selector)
```

在這個語法中，`selector`是一個用於選擇元素的字符串，它基於CSS選擇器的語法。這個選擇器可以是元素的標籤名稱、類名、ID等。該方法返回一個代表選中元素的對象，可以將其分配給一個變量。

上述 ChatGPT 的回答詳細說明此方法的語法，並且在之後也會舉出一些範例，如下圖所示：

以下是一些`selector`的例子：

- 通過標籤名稱選擇元素：

```vba
Set element = document.querySelector("div")  ' 選擇第一個 div 元素
```

- 通過類名選擇元素：

```vba
Set element = document.querySelector(".classname")  ' 選擇第一個具有 classn
```

- 通過ID選擇元素：

```vba
Set element = document.querySelector("#elementId")  ' 選擇具有 elementId I
```

學習評量

① 請簡單說明什麼是網路爬蟲？ HTTP 通訊協定？什麼是 JavaScript ？

② 請說明 HTML、CSS 和 JavaScript 之間的關係？ Quick JavaScript Switcher 擴充功能的用途為何？

③ 請簡單說明 Excel VBA 網路爬蟲的基本步驟為何？

④ 請舉例說明 Chrome 開發人員工具能做什麼？

⑤ 請簡單說明 ChatGPT 在學習 Excel VBA 網路爬蟲的幫助是什麼？

⑥ 請參閱第 5-2-2 節的說明在 Chrome 安裝 Quick JavaScript Switcher 擴充功能。

MEMO

6

用 ChatGPT 學習 HTML 標籤和 CSS 選擇器

6-1 HTML 與 CSS 基礎

網路爬蟲的資料來源是 HTML 網頁，每一頁 HTML 網頁可以想像是網站水果園中的一棵水果樹，在樹上的水果是一個一個 HTML 標籤。本章內容可以讓讀者認識各種 HTML 標籤是如何建構出一棵水果樹，如下所示：

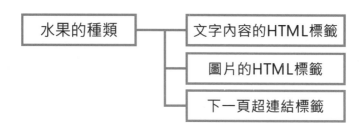

上述水果樹上的水果主要有三種：文字內容的 HTML 標籤、圖片和下一頁的超連結標籤，圖片是擷取 <img> 標籤 href 屬性的 URL 網址（即圖片的 URL 網址），分頁資料需要擷取下一頁 <a> 標籤 href 屬性的 URL 網址。

CSS 是 HTML 標籤的化妝師，一般來說，CSS 並不是目標資料，但是可以幫助我們定位水果樹上的水果在哪裡？

6-1-1 HTML 標籤語法與結構

「HTML 標示語言」（HyperText Markup Language）是文件內容的格式編排語言，在瀏覽器中顯示的網頁內容就是使用 HTML 語法所撰寫的標籤碼，這是 Tim Berners-Lee 在 1991 年建立，目前的最新版本是 HTML5。

☆ HTML 標籤語法

HTML 標籤語法是使用開始和結尾標籤所包圍的文字內容，其語法如下所示：

＜標籤名稱 屬性名稱＝屬性值＞文字內容＜/標籤名稱＞

＜h3 id="title"＞作者姓名＜/h3＞

上述 HTML 標籤使用 ＜標籤名稱＞ 和 ＜/ 標籤名稱＞ 括起文字內容，在開始的 ＜標籤名稱＞ 標籤可以有屬性清單（使用屬性名稱和屬性值組成，如果不只一個，請使用空白分隔），而使用 ＜h3＞ 和 ＜/h3＞ 括起的文字內容，就是我們欲擷取的目標資料。

問題是同一份 HTML 網頁可能有多個同名的 ＜h3＞ 標籤，單純使用 h3 並不足以定位目標資料的 ＜h3＞ 標籤，我們需要額外資訊，好比在水果樹上的水果都長的一樣，我們可以在外面套上保護套來標示可摘日期和尺寸等資訊（即標籤屬性），如此即可分辨出是不同的水果。

HTML 標籤除了標籤名稱，還需要使用一些屬性來進一步分辨是不同的 ＜h3＞ 標籤，常用屬性有 2 種，其說明如下表所示：

屬性	說明
id	HTML 標籤的身份證字號，其屬性值是整份網頁的唯一值，換句話說，只需使用 id 屬性就一定可以定位目標標籤
class	HTML 標籤套用的樣式類別，其值是 CSS 選擇器，在第 6-1-2 節有進一步的說明

簡單的說，當 HTML 網頁有 2 個 ＜h3＞ 標籤時，我們可以使用 h3 再加上 id 屬性值或 class 屬性值來定位出目標到底是哪一個 ＜h3＞ 標籤。

☆ HTML 網頁的標籤結構　　　　　　　　　　ch6-1-1.html

HTML 標籤之中除了文字內容，還可以有其他子標籤，透過父子的巢狀標籤，可以建立出階層結構的 HTML5 網頁結構，如下所示：

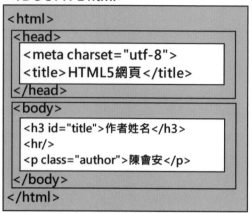

上述 HTML 網頁結構是一種階層結構，<!DOCTYPE> 位在 <html> 標籤之前，這不是 HTML 標籤，只是告訴瀏覽器此份網頁是使用 HTML5 版。<html> 標籤才是 HTML 網頁的根元素，一種容器元素，其內容是 <head> 和 <body> 兩種子標籤。我們也可以將網頁內容繪成樹狀結構，如同一棵倒立的水果樹，如下圖所示：

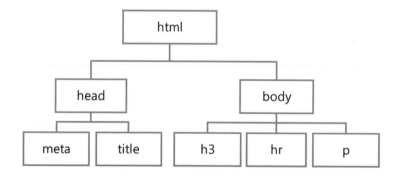

☆ <head> 子標籤

在 <head> 標籤的子標籤是描述 HTML 網頁本身，常用標籤的說明，如下表所示：

標籤	說明
`<title>`	顯示瀏覽器視窗上方標題列或標籤頁的標題文字
`<meta>`	提供 HTML 網頁的 metadata 資料，例如 ： 網頁描述、關鍵字、作者和最近修改日期等資訊
`<script>`	標籤內容是客戶端腳本程式碼，例如 ： JavaScript 程式碼
`<style>`	在 HTML 網頁套用的 CSS 樣式碼
`<link>`	連接外部資源檔案，主要連接副檔名 .css 的 CSS 樣式表檔案

例如：`<meta>` 標籤可以指定網頁編碼是 utf-8，如下所示：

```
<meta charset="utf-8">
```

☆ `<body>` 子標籤

`<body>` 標籤才是瀏覽器看到的網頁內容，對於網頁爬蟲來說，`<body>` 標籤的子標籤內容才是我們欲擷取的目標資料，如下所示：

```
<h3 id="title">作者姓名</h3>
<hr/>
<p class="author">陳會安</p>
```

上述 `<h3>` 和 `<p>` 標籤是目標資料，例如：擷取作者姓名是 `<p>` 標籤；標題文字是 `<h3>` 標籤，`<hr/>` 標籤只是顯示一條水平線用來分隔資料，因為此標籤沒有文字內容（`<head>` 的 `<meta>` 子標籤也沒有），其寫法有三種，如下所示：

```
<hr>
<hr></hr>
<hr/>
```

上述第 1 種只有開始標籤 `<hr>`，第 2 種是空內容 `<hr></hr>`，第 3 種是縮寫寫法（常見標籤還有 `<br/>` 換行標籤，請注意！ HTML 網頁內容不是使用 Enter 鍵換行，而是使用 `<br/>` 換行標籤）。

6-1-2 CSS 的基礎

「CSS」（Cascading Style Sheets）層級式樣式表是一種樣式語言，用來描述標示語言的格式，可以重新定義 HTML 標籤的外觀。我們可以想像 HTML 標籤是位素顏的網紅，瀏覽器依據 CSS 替網紅化上妝後，就能成為網路上我們認識的網紅。

☆ CSS 樣式

HTML 標籤 <p> 是一個段落，預設使用瀏覽器沒有色彩的預設字體與字型尺寸來顯示，我們可以使用 CSS 重新定義 <p> 標籤的樣式，如同替嘴唇（段落）化上小紅妝（HTML 網頁：ch6-1-2.html），如下所示：

```
<style type="text/css">
p.author { font-size: 10pt;
    color: red; }
</style>
```

上述 <style> 標籤定義 CSS 樣式是尺寸 10pt 的較小尺寸文字；文字色彩是紅色，在大括號前的「p.author」是「CSS 選擇器」（CSS Selectors），如下所示：

```
p.author
```

上述「p」是選取整頁的所有 <p> 標籤，「.author」是選這些 <p> 標籤中，class 屬性值是 author 的 <p> 標籤（id 屬性是使用「#」開頭，例如：選 <h3> 標籤是 h3#title）。

☆ 在 HTML 網頁套用 CSS 樣式

HTML 網頁的 <p> 標籤如果有 class 屬性值 author，就符合 CSS 選擇器「p.author」的條件，瀏覽器就會在此標籤套用 <style> 標籤定義的 CSS 樣式，改為較小的紅色字來顯示，如下圖所示：

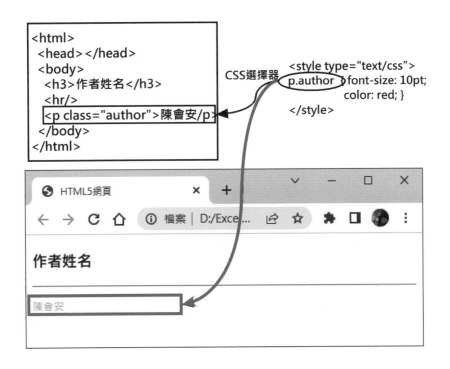

對於網路爬蟲來說，CSS 樣式本身並非目標資料，我們需要了解的是 CSS 如何選出套用樣式的 HTML 標籤，即位在大括號前的 CSS 選擇器（p.author），可以用來定位網頁中的 <p> 標籤，在第 6-5 節有進一步的說明。

6-2 資料標籤 – 文字和圖片標籤

資料標籤是在網頁上顯示資料內容的 HTML 標籤,這是水果樹上的水果,也是我們欲擷取的目標資料,通常是文字內容,如果是圖片,擷取的是圖片的 URL 網址。

6-2-1 文字內容標籤

文字內容標籤就是在網頁上顯示的文字內容,可以是標題文字、段落文字、容器標籤 <div> 或 <span> 的文字內容,還有一些是用來標示特定語意的文字內容標籤,這些不同的標籤就是目標資料的不同水果。

☆ 標題文字標籤   ch6-2-1.html

HTML 網頁的標題文字是 <hn> 標籤,n 是 1~6,<h1> 最重要,依序遞減至 <h6>,提供 6 種不同尺寸變化的標題文字,如下所示:

```
<h1>HTML5網頁的標題文字</h1>
<h2>HTML5網頁的標題文字</h2>
<h3>HTML5網頁的標題文字</h3>
<h4>HTML5網頁的標題文字</h4>
<h5>HTML5網頁的標題文字</h5>
<h6>HTML5網頁的標題文字</h6>
```

上述 <h> 標籤加上 1~6 的數字可以顯示 6 種大小字型,數字愈大,字型尺寸愈小,重要性也愈低,如下圖所示:

HTML5網頁的標題文字

HTML5網頁的標題文字

HTML5網頁的標題文字

HTML5網頁的標題文字

HTML5網頁的標題文字

HTML5網頁的標題文字

☆ 段落標籤 <span style="float:right">ch6-2-1a.html</span>

HTML 網頁的文字內容不會換行（ Enter 鍵並沒有作用），我們可以使用 <p> 段落或
 換行標籤來換行編排，
 標籤沒有內容，<p> 標籤的內容是段落文字，預設在前和後會增加邊界尺寸，如下所示：

```
<p>HTML網頁的文字內容是使用段落來編排<p>
```

☆ 容器標籤 <div> 和 <span> <span style="float:right">ch6-2-1b.html</span>

HTML 的 <div> 標籤可以在 HTML 網頁定義一個區塊來顯示文字內容，如下所示：

```
<div>Excel VBA</div>
```

上述 <div> 標籤會換行自成一個區塊。<span> 標籤也是容器標籤，不過這是單行元素，並不會換行建立獨立區塊，如下所示：

```
<p>外國人很多都是<span style="color:lightblue">淡藍色</span>眼睛</p>
```

上述 style 屬性使用 CSS 定義文字的色彩樣式。在 HTML 網頁可以看到 <div> 標籤自成一個區塊（有換行），<span> 標籤仍然位在父元素 <p> 標籤的區塊之中，如下圖所示：

Excel VBA

外國人很多都是淡藍色眼睛

☆ 標示特定語意的文字內容標籤 <span>ch6-2-1c.html</span>

HTML 網頁的文字內容可能有些名詞或片語需要特別標示，我們只需將文字包含在下表標籤，就可以顯示不同的標示和語意效果，常用 HTML 標籤說明，如下表所示：

標籤	說明
<b>	使用粗體字標示文字，HTML5 代表文體上的差異，例如 : 關鍵字和印刷上的粗體字等
<i>	使用斜體字標示文字，HTML5 代表另一種聲音或語調，通常是標示其他語言的技術名詞、片語和想法等
<em>	顯示強調文字效果，在 HTML5 是強調發音上有細微改變句子的意義，例如 : 因發音改變而需強調的文字
<strong>	HTML4 是更強的強調文字 ; HTML5 是重要文字
<cite>	HTML4 是引言或參考其他來源 ; HTML5 是定義產品名稱，例如 : 一本書、一首歌、一部電影或畫作等
<small>	HTML4 是顯示縮小文字 ; HTML5 是輔助說明或小型印刷文字，例如 : 網頁最下方的版權宣告等

上表標籤在 HTML4 只是替文字套用不同的預設樣式，HTML5 進一步給予元素內容上的意義，即語意（Semantics）。

6-2-2 圖片標籤

HTML 網頁可以使用 <img> 標籤插入 gif、jpg 或 png 格式的圖檔,例如:顯示 Penguins.jpg 圖檔的 <img> 標籤,如下所示:

```
<img src="Penguins.jpg" width="100" height="100" alt="風景"/>
```

上述 <img> 標籤可以顯示圖檔的圖片(目標資料是 <img> 標籤的 src 屬性值),其相關屬性說明,如下表所示:

屬性	說明
src	圖片檔案名稱和路徑的 URL 網址
alt	指定圖片無法顯示時的替代文字
width	圖片寬度 (點數或百分比)
height	圖片高度 (點數或百分比)

請注意!圖檔 Penguins.jpg 並不是真的插入 HTML 網頁,<img> 標籤只是建立長方形區域來連接顯示外部的圖檔。HTML 網頁:ch6-2-2.html 使用 4 個 <img> 標籤來顯示不同尺寸的圖片,如下圖所示:

6-3 群組標籤 – 清單、表格和結構標籤

群組標籤的目的是群組多個子標籤來建立階層結構，以水果樹來說，這些標籤是建立樹幹和樹枝，所以，群組標籤本身不是目標資料，其群組的文字或圖片子標籤才是目標資料，可以讓我們摘取連著樹枝的整串水果。

 請注意！群組標籤位在最底層的 <li> 項目、<td> 和 <th> 儲存格標籤有可能是樹枝，也有可能本身就是目標資料的水果。

6-3-1 清單標籤

HTML 清單有很多種，可以將文件內容的重點綱要一一列出，常用的清單標籤有：項目符號、項目編號和定義清單。

☆ 項目編號   ch6-3-1.html

HTML 清單提供數字順序的項目編號（Ordered List），如下所示：

```
<ol>
  <li>CSV</li>
  <li>JSON</li>
  <li>MySQL</li>
</ol>
```

上述 <ol> 標籤建立項目編號，每一個項目是一個 <li> 標籤，使用 <ol> 標籤來群組多筆 <li> 標籤的記錄（目標資料是 <li> 標籤或其子標籤的文字內容），如下圖所示：

1. CSV
2. JSON
3. MySQL

☆ 項目符號

HTML 清單可以使用無編號的項目符號（Unordered List），即在項目前顯示小圓形、正方形等符號，父標籤是 <ul>，子標籤也是 <li> 標籤（目標資料是 <li> 標籤或其子標籤的文字內容），如下所示：

```
<ul>
  <li>Web API</li>
  <li>AJAX</li>
</ul>
```

- Web API
- AJAX

☆ 定義清單

HTML5 定義清單（Definition List）是群組名稱和值成對的結合清單，例如：詞彙說明的每一個項目是定義和說明，如下所示：

```
<dl>
  <dt>CSV</dt>
  <dd>使用「,」逗號分隔欄位的文字檔案</dd>
  <dt>JSON</dt>
  <dd>一種類似XML的資料交換格式</dd>
</dl>
```

上述 <dl> 標籤建立定義清單，<dt> 清單定義項目；<dd> 標籤描述項目（目標資料是 <dt>、<dd> 標籤或其子標籤的文字內容），如下圖所示：

CSV
　　　使用「,」逗號分隔欄位的文字檔案
JSON
　　　一種類似XML的資料交換格式

　　HTML 表格是一組相關標籤的集合，我們需要同時使用多個標籤才能建立表格。HTML 表格相關標籤的說明，如下表所示：

標籤	說明
\<table\>	建立表格，其他表格相關標籤都位在此標籤之中
\<tr\>	定義表格的標題列（子標籤是 \<td\> 或 \<th\>）或資料列（子標籤是 \<td\> 標籤）
\<th\>	定義表格標題列的儲存格
\<td\>	定義表格資料列的儲存格
\<thead\>	群組表格的標題列（可有可無），其子標籤是 \<tr\> 標籤
\<tbody\>	群組表格的資料列（可有可無），其子標籤是 \<tr\> 標籤
\<tfoot\>	群組表格的註腳列（可有可無），其子標籤是 \<tr\> 標籤

　　HTML 表格的根標籤是 \<table\>（border="1" 屬性顯示框線）和多個 \<tr\>、\<th\> 和 \<td\> 子孫標籤所組成，每一個 \<tr\> 標籤定義一列標題列或資料列，\<th\> 標籤是用來定義標題列的儲存格，資料列是使用 \<td\> 標籤來建立儲存格（HTML 網頁：ch6-3-2.html），如下所示：

```
<table border="1">
<tr>
    <th>客戶端</th>
    <th>伺服端</th>
</tr>
<tr>
    <td>JavaScript</td>
    <td>ASP.NET</td>
</tr>
<tr>
    <td>AJAX</td>
    <td>PHP</td>
</tr>
</table>
```

上述 <table> 標籤會建立 3 列各 2 欄的儲存格，第 1 列是標題列，第 2~3 列資料列如同是 2 筆記錄，每一個儲存格的內容就是欄位資料，如右圖所示：

客戶端	伺服端
JavaScript	ASP.NET
AJAX	PHP

6-3-3　結構標籤

ch6-3-3.html

HTML 結構標籤可以群組標籤來建立版面配置的編排，標籤本身並沒有任何樣式，如同網頁中的透明方框。在 HTML 4 是使用第 6-2-1 節的 <div> 標籤來建立版面配置（HTML 網頁：ch6-3-3.html），如下所示：

```
<div>
<div>
    <h3>VBA</h3>
    <p>程式語言</p>
</div>
<div>
    <h3>JavaScript</h3>
    <p>網頁語言</p>
</div>
</div>
```

上述 <div> 標籤群組 <h3> 和 <p> 標籤，在父 <div> 標籤共有 2 個 <div> 子標籤的記錄資料（目標資料是第 2 層 <div> 的 <h3> 和 <p> 子標籤的文字內容），如右圖所示：

> **VBA**
>
> 程式語言
>
> **JavaScript**
>
> 網頁語言

在 HTML5 提供更多版面配置的結構標籤，例如：在 <section> 標籤下有多個 <article> 子標籤。

6-4 網站巡覽 － 超連結標籤

　　HTML 的 <a> 超連結標籤可以連接網站的其他網頁，或其他網站的網頁，超連結預設是使用藍色底線字；瀏覽過是顯示紫色底線字（HTML 網頁：ch6-4.html），如下所示：

```
<a href="ch6-3-1.html">清單標籤</a>
```

　　上述 <a> 超連結標籤是文字超連結清單標籤，href 屬性值是連接的 URL 網址，以此例是連接同網站的 ch6-3-1.html，如右圖所示：

> **文字超連結**
>
> 清單標籤

☆ 圖片和區塊超連結　　　　　　　　　ch6-4a.html

　　超連結 <a> 標籤可以使用 <img> 子標籤建立圖片超連結，當游標移至圖片上就會成為手形圖示，如下所示：

```
<a href="http://www.yahoo.com.tw">
  <img src="yahoo.jpg" width="150" height="50">
</a>
```

　　在 <a> 標籤中還可以使用區塊元素，例如：<h3> 標籤，如下所示：

```
<a href="http://www.hinet.net"><h3>中華電信HiNet</h3></a>
```

圖片超連結

區塊超連結

中華電信HiNet

☆ 網站選單的超連結清單 　　　　　　　　　　　　ch6-4b.html

我們可以使用清單加上 <a> 標籤來建立網站選單，如下所示：

```
<ul>
  <li><a href="ch6-3-1.html">項目編號</a></li>
  <li><a href="ch6-3-1a.html">項目符號</a></li>
  <li><a href="ch6-3-1b.html">定義清單</a></li>
</ul>
```

上述 <ul> 標籤建立項目符號，每一個 <li> 標籤的項目是超連結，可以連接相關頁面（目標資料是 <a> 標籤的 href 屬性值），如下圖所示：

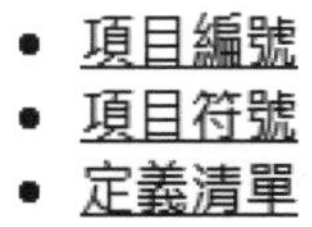

- 項目編號
- 項目符號
- 定義清單

上述超連結清單如同一個選單，如果使用 CSS 樣式改成水平顯示，這就是分頁超連結的標準 HTML 標籤結構。

6-5 ChatGPT 應用：學習 HTML 標籤與 CSS 選擇器

　　HTML 網頁內容就是 HTML 標籤所建立，CSS 選擇器是用來套用指定 HTML 標籤的樣式，所以，CSS 選擇器可以在 HTML 網頁中定位指定 HTML 標籤，Excel VBA 網路爬蟲一樣可以使用 CSS 選擇器來定位 HTML 標籤，擷取出我們所需的 HTML 標籤內容。

　　ChatGPT 可以幫助我們學習 HTML 標籤，例如：本章沒有說明的 HTML5 結構標籤，或在 Chrome 開發人員工具檢視到不了解的 HTML 標籤，都可以詢問 ChatGPT，並且給 ChatGPT 一個角色，例如：詳細詢問 HTML5 結構標籤的問題描述（ch6-5.txt），如下所示：

 你是HTML專家，請使用繁體中文說明什麼是HTML5的結構標籤？

 HTML5引入了一組新的結構標籤，這些標籤被稱為"結構性元素"，用於更好地描述網頁的內容結構。下面是HTML5的一些主要結構標籤及其說明：

1. `<header>`：表示網頁或區塊的標題或標頭。通常包含網站的標誌、導航菜單或其他引導性內容。
2. `<nav>`：用於定義網頁的導航區塊。可以包含網站的主要導航菜單或鏈接。
3. `<main>`：表示網頁的主要內容區塊。每個網頁應該只包含一個 `<main>` 元素，用於集中呈現核心內容。
4. `<article>`：用於包裹獨立的、完整的內容。例如，一篇新聞文章、一個博客帖子或一個論壇帖子。
5. `<section>`：表示網頁中的區塊或部分。可以用於分組相關的內容，例如章節、功能區塊或主題區塊。
6. `<aside>`：用於定義網頁的旁邊內容區塊。通常包含與主要內容相關的附加信息，例如側邊欄、廣告區塊或相關文章列表。
7. `<footer>`：表示網頁或區塊的尾部區域。通常包含版權信息、聯繫方式或其他相關頁腳內容。
8. `<figure>`：用於包含與主內容相關的圖像、圖表、照片、程式碼示例等媒體內容。
9. `<figcaption>`：用於提供 `<figure>` 元素的標題或說明文字。

上述 ChatGPT 回答說明 HTML5 結構標籤。我們可以進一步繼續詢問 ChatGPT 指定的 HTML5 結構標籤，並且舉例說明。詳細的問題描述（ch6-5a.txt），如下所示：

> 請使用繁體中文說明<figure>標籤，並且舉一個HTML範例？

> `<figure>`標籤用於包含與主內容相關的圖像、圖表、照片、程式碼示例或其他媒體內容。它還可以使用`<figcaption>`標籤提供圖片或媒體的標題或說明文字。

ChatGPT 的回答在說明 <figure> 和 <figcaption> 標籤後，就寫了一個 HTML 範例，內含 2 個 <figure> 標籤範例，如下所示：

```html
<figure>
  <img src="example.jpg" alt="示例圖片">
  <figcaption>這是一張示例圖片的說明文字。</figcaption>
</figure>

<h2>其他內容</h2>
<p>這是其他內容的段落。</p>

<figure>
  <code>function example() {
    console.log("這是一個示例程式碼");
  }</code>
  <figcaption>這是一個示例程式碼塊的說明文字。</figcaption>
</figure>
```

請點選右上方 Copy code 複製儲存成 ch6-5a_gpt.html，筆者自行加上 example.jpg，其執行結果可以看到上方是圖片；下方是 <code> 標籤的 JavaScript 程式碼，如下圖所示：

這是一個示例網頁

這是一張示例圖片的說明文字。

其他內容

這是其他內容的段落。

```
function example() { console.log("這是一個示例程式碼"); }
```
這是一個示例程式碼塊的說明文字。

© 2023 網頁範例. 版權所有。

除了學習 HTML 標籤，ChatGPT 一樣可以幫助我們學習 CSS 選擇器。首先使用 ChatGPT 找出 CSS 選擇器的學習方向，詳細的問題描述（ch6-5b.txt），如下所示：

 你是CSS專家，請使用繁體中文列出網路爬蟲必學的5種CSS選擇器？並且簡單說明？

 以下是網路爬蟲必須學習的五種CSS選擇器，以及它們的簡單說明：

1. 元素選擇器（Element Selector）：使用HTML元素名稱作為選擇器，例如 `div`、`p`、`a` 等。它將選擇所有匹配該元素名的HTML元素。
2. 類別選擇器（Class Selector）：使用CSS類別名稱作為選擇器，以 `.` 開頭，例如 `.example-class`。它將選擇所有帶有指定類別的HTML元素。
3. ID選擇器（ID Selector）：使用HTML元素的ID作為選擇器，以 `#` 開頭，例如 `#example-id`。它將選擇具有指定ID的HTML元素，而且每個ID在HTML文檔中應該是唯一的。
4. 子元素選擇器（Child Selector）：使用 `>` 符號表示，例如 `parent > child`。它將選擇所有作為指定父元素的直接子元素。
5. 屬性選擇器（Attribute Selector）：使用HTML元素的屬性作為選擇器，例如 `[attribute]` 或 `[attribute=value]`。它將選擇具有指定屬性或指定屬性值的HTML元素。

上述 ChatGPT 的回答說明了 5 種必學的 CSS 選擇器,第 1 個是標籤名稱,第 2 和 3 依序是 class 和 id 屬性的選擇器,第 4 個是子元素選擇器,最後是屬性選擇器。

因為子元素選擇器的說明並不夠清楚,我們可以繼續詢問 ChatGPT 此選擇器和舉出實際的 HTML 標籤範例,其詳細的問題描述(ch6-5c.txt),如下所示:

> **Q** 請使用繁體中文,說明子元素選擇器的CSS選擇器?並且舉一個HTML範例?

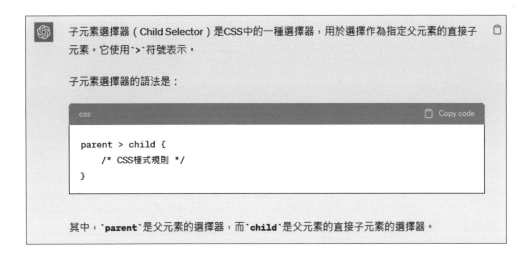

> 子元素選擇器(Child Selector)是CSS中的一種選擇器,用於選擇作為指定父元素的直接子元素。它使用`>`符號表示。
>
> 子元素選擇器的語法是:
>
> ```css
> parent > child {
>     /* CSS樣式規則 */
> }
> ```
>
> 其中,`parent`是父元素的選擇器,而`child`是父元素的直接子元素的選擇器。

上述 ChatGPT 回答首先說明基本語法,然後舉出一個 HTML 範例,如下圖所示:

舉個例子來說，假設我們有以下的HTML結構：

```html
<div class="parent">
    <p>這是父元素的直接子元素。</p>
    <span>這不是父元素的直接子元素。</span>
    <p>這是父元素的直接子元素。</p>
</div>
```

如果我們想選擇`<p>`元素作為`.parent`的直接子元素，我們可以使用子元素選擇器如下：

```css
.parent > p {
    color: blue;
}
```

在這個例子中，`parent`是父元素的類別選擇器，而`p`是父元素的直接子元素的元素選擇器。這個選擇器會選擇`.parent`下的所有直接子元素為`<p>`的元素，並將它們的文字顏色設置為藍色。

上述選擇器是 .parent > p，.parent 是類別選擇器，即選擇 class 屬性值 "parent" 的 <div> 標籤，p 是元素選擇器可以選擇 <p> 標籤，「>」是子元素，所以可以選到 <div> 標籤下的 2 個 p 子元素，如下所示：

<p>這是父元素的直接子元素。</p>
...
<p>這是父元素的直接子元素。</p>

相同方式，我們可以詢問其他 CSS 選擇器的進一步說明和舉出 HTML 範例。事實上，我們也可以直接列出一段 HTML 標籤，讓 ChatGPT 幫我們找出定位指定文字內容的 CSS 選擇器，詳細的問題描述（ch6-5d.txt），如下所示：

Q 你是CSS專家，請使用繁體中文依據下列HTML標籤\<div\>片段，寫出定位文字內容"Free"和"2 GB of storage"的CSS選擇器，如下所示：

\<div class="card mb-4 box-shadow"\>

   \<div class="card-header"\>

     \<h4 class="my-0 font-weight-normal"\>Free\</h4\>

   \</div\>

   \<div class="card-body"\>

      \<h1 class="card-title pricing-card-title"\>$0 \<small class="text-muted"\>/ mo\</small\>\</h1\>

     \<ul class="list-unstyled mt-3 mb-4"\>

      \<li\>10 users included\</li\>

      \<li\>2 GB of storage\</li\>

      \<li\>Email support\</li\>

      \<li\>Help center access\</li\>

     \</ul\>

     \<button type="button" class="btn btn-lg btn-block btn-outline-primary"\>Sign up for free\</button\>

   \</div\>

\</div\>

以上選擇器的解釋如下：

1. 定位文字 "Free" 的選擇器：使用 `.card-header h4` 選擇器，表示選擇帶有 `.card-header` 類別的 `<div>` 元素中的 `<h4>` 元素。這將定位到包含 "Free" 文字的標題元素。

2. 定位文字 "2 GB of storage" 的選擇器：使用 `.card-body li:nth-child(2)` 選擇器，表示選擇帶有 `.card-body` 類別的 `<div>` 元素中的第二個 `<li>` 元素。這將定位到包含 "2 GB of storage" 文字的列表項目。

請注意，這些選擇器是根據提供的 HTML 片段進行定位的，若在實際應用中，HTML 結構有所不同，可能需要調整選擇器來正確定位所需的文字內容。

上述 ChatGPT 回答只列出說明內容，可以找出 2 個 CSS 選擇器，如下所示：

◆ .card-header h4：定位 "Free" 文字內容的選擇器是 class 屬性 card-header 的後代 <h4> 標籤（也可用子元素選擇器）。

◆ .card-body li:nth-child(2)：定位 "2 GB of storage" 是 class 屬性 card-body 的後代 <li> 標籤，問題來了，:nth-child(2) 是什麼？

我們可以繼續詢問 ChatGPT 什麼是 :nth-child(2)，詳細的問題描述（ch6-5e.txt），如下所示：

請使用繁體中文，說明li:nth-child(2)選擇器的:nth-child(2)是什麼？

`li:nth-child(2)` 是一種 CSS 選擇器中的 `:nth-child(2)` 部分，它用於選擇父元素下的第二個子元素。在這個特定的選擇器中，我們將它應用在 `<li>` 元素上。

下面是對 `:nth-child(2)` 的解釋：

`:nth-child(2)` 表示選擇父元素下的第二個子元素。這個選擇器使用 `:nth-child` 偽类來指定子元素的位置，並使用括號內的參數來定義該位置。在這種情況下，我們使用 `2` 作為參數，表示選擇第二個子元素。

上述 ChatGPT 回答此選擇器是一種「偽類選擇器」（Pseudo Class Selector），nth-child 是指第幾個子元素，括號的 2 是指第 2 個 <li> 子標籤。不只如此，ChatGPT 還可以替我們完成 HTML 標籤和 CSS 樣式的撰寫，請繼續詢問 ChatGPT，其詳細的問題描述（ch6-5f.txt），如下所示：

Q 請改寫上述HTML標籤成為完整HTML標籤，並且加上<style>標籤的
CSS樣式，可以將文字內容"Free"改為藍色字，和"2 GB of storage"改
為紅色字。

上述 ChatGPT 回答的 HTML 標籤已經儲存成 ch6-5f_gpt.html，其網
頁內容，如下圖所示：

Free

$0 / mo

- 10 users included
- 2 GB of storage
- Email support
- Help center access

Sign up for free

ChatGPT 應用：分析 Bootstrap 相簿網頁的標籤結構

筆者已經在 GitHub 建立了一頁使用 Bootstrap 技術的相簿網頁，其 URL 網址如下所示：

```
https://fchart.github.io/test/album.html
```

上述相簿網頁的每一個方框是一張照片資訊，上方是照片；下方是照片說明、多少人瀏覽和贊助金額。在關閉 JavaScript 後，可以看到網頁內容仍然存在，只有位在右上方的選單無法操作，表示我們的目標資料的網頁內容並不是 JavaScript 程式碼所產生。

☆ 使用開發人員工具分析 HTML 網頁結構

請使用 Chrome 開發人員工具檢視 HTML 網頁後，可以看出每一張照片的方框是一個 <div> 標籤，其父標籤也是 <div> 標籤建立的照片表格（非 <table> 標籤的 HTML 表格），共有 3X3 個方框，如下圖所示：

我們可以找出照片表格的標籤結構和 class 屬性，如下所示：

◆ 群組記錄的父標籤：<div> 標籤；class 屬性值是 row。

◆ 記錄子標籤：<div> 標籤；class 屬性值是 col-md-4，在之下就是記錄欄位的 HTML 標籤。

☆ 開發人員工具 +ChatGPT 找出目標資料的 CSS 選擇器

我們從開發人員工具可以看出相簿網頁是在 <div> 父標籤下有多張照片資訊的 <div> 子標籤，因為父標籤只有一筆，我們可以使用開發人員工具來定位父元素 <div> 標籤的 CSS 選擇器。

請開啟開發人員工具和選取照片表格的 <div> 父標籤後，執行右鍵快顯功能表的 Copy/Copy selector 命令，可以將 CSS 選擇器字串複製到剪貼簿，如下圖所示：

我們用開發人員工具取得 <div> 父標籤的 CSS 選擇器字串，如下所示：

```
body > main > div > div > div
```

上述 CSS 選擇器是從 <body> 標籤開始定位至 <div> 父標籤，然後詢問 ChatGPT 使用 CSS 選擇器取得下一層每筆記錄的 <div> 標籤，即 class 屬性值是 col-md-4 的多個 <div> 標籤，詳細的問題描述（ch6-6.txt），如下所示：

> **Q** 你是CSS專家，請使用繁體中文依據下列的HTML標籤片段，寫出定位所有<div class="col-md-4">標籤的CSS選擇器，如下所示：
>
> <div class="col-md-4"></div>
> <div class="col-md-4"></div>
> <div class="col-md-4"></div>
> ...

上述 ChatGPT 回答的 CSS 選擇器字串，如下所示：

```
div.col-md-4
```

在相簿網頁的每一個方框是一張照片資訊，我們可以使用開發人員工具，取出第一張照片方框的 HTML 標籤 <div> 為範本，然後詢問 ChatGPT 來找出目標資料的 CSS 選擇器。請開啟開發人員工具和選取方框後，在標籤上執行**右鍵快顯功能表**的 Copy/Copy element 命令，複製此方框的 <div> 標籤，如下圖所示：

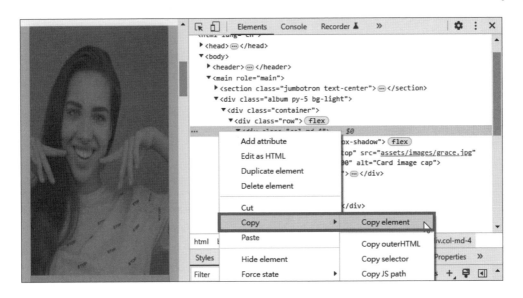

然後，在方框的 <div> 標籤找出指定文字內容的 CSS 選擇器，ChatGPT 詳細的問題描述（ch6-6a.txt），如下所示：

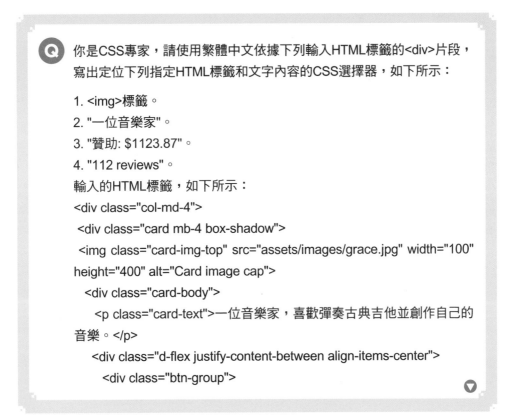

> **Q** 你是CSS專家，請使用繁體中文依據下列輸入HTML標籤的<div>片段，寫出定位下列指定HTML標籤和文字內容的CSS選擇器，如下所示：
>
> 1. <img>標籤。
> 2. "一位音樂家"。
> 3. "贊助: $1123.87"。
> 4. "112 reviews"。
> 輸入的HTML標籤，如下所示：
> <div class="col-md-4">
> <div class="card mb-4 box-shadow">
> <img class="card-img-top" src="assets/images/grace.jpg" width="100" height="400" alt="Card image cap">
>   <div class="card-body">
>   <p class="card-text">一位音樂家，喜歡彈奏古典吉他並創作自己的音樂。</p>
>   <div class="d-flex justify-content-between align-items-center">
>   <div class="btn-group">

```
            <button type="button" class="btn btn-sm btn-outline-secondary">
檢視</button>
            <button type="button" class="btn btn-sm btn-outline-secondary">
編輯</button>
        </div>
        <h6 class="pull-right price">贊助: $1123.87</h6>
        <small class="text-muted">112 reviews</small>
      </div>
    </div>
  </div>
</div>
請寫出最短的CSS選擇器，而且不用程式框來顯示。
```

 根據提供的 HTML 標籤片段，下面是定位指定 HTML 標籤和文字內容的最短 CSS 選擇器：

1. `<img>` 標籤：
   - CSS 選擇器：`.card-img-top`
2. "一位音樂家"：
   - CSS 選擇器：`.card-text`
3. "贊助: $1123.87"：
   - CSS 選擇器：`.price`
4. "112 reviews"：
   - CSS 選擇器：`.text-muted`

現在，我們可以找出目標欄位標籤的 CSS 選擇器，如右表所示：

目標資料	CSS 選擇器
照片	.card-img-top
描述文字	.card-text
贊助金額	.price
瀏覽數	.text-muted

 請注意！因為 ChatGPT 提示文字和回答有長度限制，每一次對話的問答長度是 4097 Tokens（1000 個 Tokens 大約等於 750 個單字），所以我們並不能使用完整 HTML 標籤，因為很有可能超過長度限制，只能取出部分 HTML 標籤來進行標籤結構的分析。

① 請說明什麼是 HTML？HTML5 頁面的基本結構？什麼是 CSS？

② 請說明下列 HTML 標籤的用途，如下所示：

```
<meta>、<i>…</i>、<br/>、<hr/>、<ul><li>
```

③ 請說明項目符號和編號之間的差異為何？ <div> 和 <span> 容器標籤之間的差異為何？建立 HTML 網頁表格至少需要使用哪些標籤？

④ 請使用 ChatGPT 建立一頁 HTML 網頁，內含 <h1> 標籤的 "ChatGPT 寫出的 HTML 網頁 " 標題文字，在水平線下方是本題內容的 <p> 標籤。ChatGPT 詳細的問題描述（ch6-7.txt），如下所示：

> Q 你是HTML專家，請寫一頁HTML網頁，<h1>標籤標題文字是 "ChatGPT寫出的HTML網頁"，在新增一條水平線後，接著是一個段落，其內容如下所示：
> "請使用ChatGPT建立一頁HTML網頁，內含<h1>標籤的"ChatGPT寫出的HTML網頁"，在水平線下方是本題內容的<p>標籤。"

上述回答的 HTML 標籤內容因為有「<」和「>」符號，需要使用 HTML 實體才能顯示，例如：<h1> 是「<h1>」。我們一樣可以詢問 ChatGPT 什麼是 HTML 實體，其詳細的問題描述（ch6-7a.txt）如下所示：

你是HTML專家，請使用繁體中文說明什麼是HTML實體？

當然，很樂意為您解釋HTML實體。

在HTML（超文字標記語言）中，實體（Entity）是特殊字符的特殊表示方式。有些字符在HTML中具有特殊的意義，例如小於符號 "<" 和大於符號 ">" 用於標記HTML元素的開始和結束。當我們希望在HTML文件中顯示這些特殊字符本身而非其特殊意義時，就需要使用HTML實體。

HTML實體的表示方式為 `&` 後接一個特定的名稱，再以分號 `;` 結尾。這樣的組合將被瀏覽器解析為相應的特殊字符。以下是一些常見的HTML實體範例：

1. `&lt;` - 代表小於符號 "<"
2. `&gt;` - 代表大於符號 ">"
3. `&amp;` - 代表和符號 "&"
4. `&quot;` - 代表雙引號 "
5. `&apos;` - 代表單引號 '
6. ` ` - 代表空格

使用HTML實體的主要目的是確保在HTML文件中正確顯示特殊字符，同時避免與HTML標記混淆。例如，如果要在HTML頁面上顯示一個商標符號™，您可以使用HTML實體 `&trade;`，這樣瀏覽器就會將其解析為™符號而不是錯誤地詮釋為HTML標記。

---

⑤ 請將本章目錄各節名稱，建立成清單項目的 HTML 網頁，然後顯示一個 4X3 表格。

⑥ 請問 ChatGPT 可以如何幫助我們學習 HTML 標籤和 CSS 選擇器？

用 ChatGPT × Excel VBA 取得 HTML 網頁資料

7-1 使用 Excel 的 Web 查詢取得網頁資料

Excel 內建外部資料的 Web 查詢（Web Query）功能，可以讓我們不用撰寫一行 VBA 程式碼，就可以匯入網頁資料至 Excel 工作表。例如：匯入本章測試網頁的 HTML 表格資料，其 URL 網址如下所示：

```
https://fchart.github.io/test/sales.html
```

一至四月的每月存款金額	
月份	存款金額
一月	NT$ 5,000
二月	NT$ 1,000
三月	NT$ 3,000
四月	NT$ 1,000
存款總額	NT$ 10,000

五至八月的每月存款金額	
月份	存款金額
五月	NT$ 5,500
六月	NT$ 1,500
七月	NT$ 3,500
八月	NT$ 1,500
存款總額	NT$ 12,000

現在，我們可以啟動 Excel 來匯入網頁資料，其步驟如下所示：

Step 1 請啟動 Excel 新增空白活頁簿後，在上方功能區選**資料**索引標籤，執行**取得及轉換資料**群組的**從 Web** 命令。

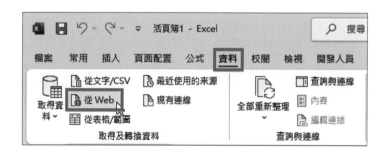

Step 2 在從 Web 視窗選基本，URL 欄填入 URL 網址 https://fchart. github.io/test/sales.html 後，按確定鈕。

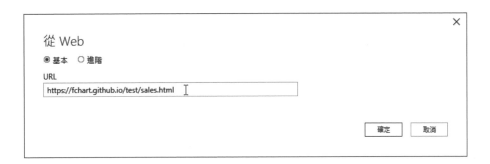

Step 3 在導覽器視窗的左邊顯示找到的 Web 資料清單，Document 是指整份 HTML 網頁，在之下共找到 2 個 HTML 表格，點選即可在右方顯示此表格的內容，預設是資料表檢視，以此例是第 1 個表格。

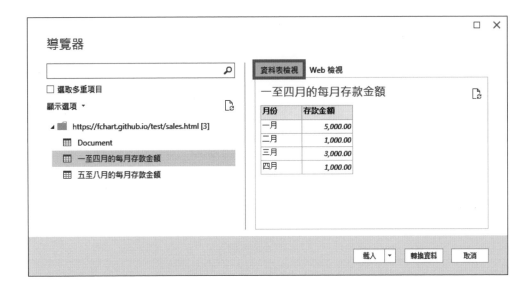

Step 4 在右邊選 Web 檢視標籤，可以切換至網頁顯示，看到網頁內容顯示的 HTML 表格資料，如下圖所示：

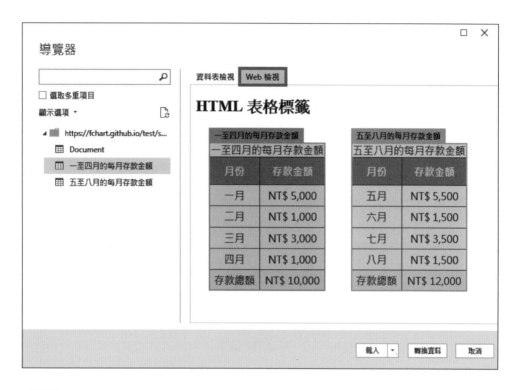

Step 5 請選右下角載入鈕旁的向下箭頭，執行載入至命令。

Step **6** 在匯入資料對話方塊指定匯入網頁資料的方式和儲存位置，請選目前
工作表的儲存格，按確定鈕。

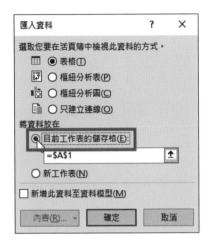

Step **7** 稍等一下，可以看到從 Web 網頁匯入的 HTML 表格資料，如圖所示：

7-2 使用 XMLHttpRequest 物件取得 HTML 網頁資料

　　XMLHttpRequest 簡稱 XHR 原來是讓瀏覽器使用 JavaScript 程式碼送出 HTTP 請求的物件，Excel VBA 可以使用 XMLHttpRequest 物件送出 HTTP 請求來取得 HTML 網頁資料。

 請注意！ XMLHttpRequest 送出請求回應的 HTML 網頁並不會執行 JavaScript 程式碼，在實務上，建議使用 XMLHttpRequest 物件來呼叫 Web API 或下載 CSV 或 JSON 檔案，只有確認 JavaScript 程式碼並不會影響到目標資料時，才使用 XMLHttpRequest 物件來建立爬蟲程式。

7-2-1 使用 ChatGPT 認識 XMLHttpRequest 物件

　　XMLHttpRequest（XHR）最早是微軟 Internet Explorer 5.0 版提供的 ActiveX 物件，目前各大瀏覽器 Chrome、Edge、Firefox、Safari 和 Opera 等都支援 XMLHttpRequest 物件。

☆ XMLHttpRequest 物件的基礎

　　Excel VBA 可以使用 XMLHttpRequest 物件送出 HTTP 請求，將 Excel VBA 作為客戶端來送出 HTTP 請求至 Web 伺服器，這是在客戶端和伺服端之間使用 HTTP 通訊協定來交換資料，如下圖所示：

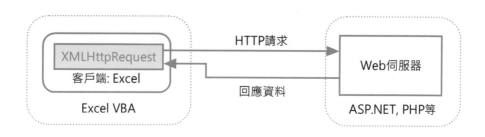

　　上述圖例的 Excel VBA 是客戶端（其功能如同瀏覽器送出 HTTP 請求，只是不會執行 JavaScript 程式碼），使用 XMLHttpRequest 物件透過 HTTP 通訊協定將 HTTP 請求送至 Web 伺服器後，取得回應資料。

　　我們可以詢問 ChatGPT 什麼是 XMLHttpRequest 物件，詳細的問題描述（ch7-2-1.txt），如下所示：

 你是VBA程式專家，請使用繁體中文說明什麼是Excel VBA的 XMLHttpRequest物件？

 XMLHttpRequest 物件是 Excel VBA 中的一個功能強大的工具，用於進行網路通信和處理 HTTP 請求。它提供了一個簡單而靈活的方式，讓 VBA 可以與網頁或服務器進行數據的交互。

XMLHttpRequest 物件可以用於發送 HTTP 請求（例如 GET、POST、PUT、DELETE 等）並接收響應。這使得 Excel VBA 可以通過 HTTP 協議從網絡上的服務器或網頁上獲取數據，或將數據發送到服務器。

使用 XMLHttpRequest 物件，你可以設置請求的屬性，例如 URL、請求方法、請求標頭、請求體等。同時，你也可以監聽異步請求的各個階段，如請求發送、響應接收、響應完成等，以便在適當的時候處理數據。

☆ 使用 XMLHttpRequest 物件的基本步驟

　　在 Excel VBA 使用 XMLHttpRequest 物件的基本步驟，如下所示：

Step 1 建立 XMLHttpRequest 物件。

Step 2 呼叫 Open() 方法開啟和設定 HTTP 請求。

Step 3 呼叫 Send() 方法送出 HTTP 請求。

Step 4 使用 responseText 屬性取得回應資料。

我們也可以詢問 ChatGPT 了解建立 XMLHttpRequest 物件的基本步驟，詳細的問題描述（ch7-2-1a.txt），如下所示：

 你是VBA程式專家，請使用繁體中文說明Excel VBA使用
XMLHttpRequest物件"MSXML2.XMLHTTP.6.0"的基本步驟？

7-2-2 使用 XMLHttpRequest 物件送出 HTTP 請求

Excel VBA 在建立 XMLHttpRequest 物件（本書是使用最新 6.0 版）後，就可以使用下表方法來送出 HTTP 請求，如下表所示：

方法	說明
Open(method, url, async)	開啟和設定 HTTP 請求
Send()	送出 HTTP 請求到 Web 伺服器

在 Excel VBA 提供兩種方法來建立 XMLHttpRequest 物件，第 1 種是使用 CreateObject() 函數建立物件，第 2 種方法是在 Excel VBA 加入引用項目後，可以如同內建型別來宣告和建立 XMLHttpRequest 物件。

☆ 使用晚期繫結送出 HTTP 請求 　　　　　　　　　　ch7-2-2.xlsm

Excel VBA 的晚期繫結（Late Binding）就是使用 CreateObject() 函數建立 XMLHttpRequest 物件，我們準備建立此物件來送出 URL 網址 https://fchart.github.io/fchart.html 的 HTTP 請求，可以在訊息視窗顯示回應的 HTML 標籤內容。

在取得網頁資料 _Click 事件處理程序的 VBA 程式碼,首先宣告 xmlhttp 物件變數和 URL 網址的字串變數 myurl,如下所示:

```
Dim xmlhttp As Object
Dim myurl As String

Set xmlhttp = CreateObject("MSXML2.XMLHTTP.6.0")
myurl = "https://fchart.github.io/fchart.html"
```

上述程式碼使用 CreateObject() 函數建立 XMLHttpRequest 物件,參數是 ProgID 字串 "MSXML2.XMLHTTP.6.0",然後指定 URL 網址字串。

在下方使用 xmlhttp 物件的 Open() 方法開啟和設定 HTTP 請求,第 1 個參數字串是 GET 方法,第 2 個參數是 URL 網址,最後的 False 是同步請求,然後呼叫 Send() 方法送出 HTTP 請求,如下所示:

```
xmlhttp.Open "GET", myurl, False
xmlhttp.Send

MsgBox (xmlhttp.responseText)

Set xmlhttp = Nothing
```

上述 MsgBox() 函數顯示回應的 HTML 字串,參數是 responseText 屬性的回應內容,最後指定成 Nothing 來釋放物件佔用的資源。

請開啟 Excel 檔 ch7-2-2.xlsm 後,按取得網頁資料鈕,可以看到訊息視窗顯示回應的 HTML 標籤字串,如下圖所示:

```
Microsoft Excel                                                    ×

  <!doctype html>
  <html>
  <head>
    <title>fChart程式設計教學工具簡介</title>
    <meta charset="utf-8" />
    <meta http-equiv="Content-type" content="text/html; charset=utf-8"/>
    <style type="text/css">
    body {
       background-color: #f0f0f2;
    }
    div {
       width: 600px;
       margin: 5em auto;
       padding: 50px;
       background-color: #fff;
       border-radius: 1em;
    }
    </style>
  </head>
  <body>
  <div>
    <h1>fChart程式設計教學工具簡介</h1>
    <p>fChart是一套真正可以使用「流程圖」引導程式設計教學的「完整」學習工具，
    可以幫助初學者透過流程圖學習程式邏輯和輕鬆進入「Coding」世界。</p>
    <p> <a href="https://fchart.github.io">更多資訊...</a> </p>
  </div>
  </body>
  </html>


                                                    確定
```

☆ 使用早期繫結送出 HTTP 請求   ch7-2-2a.xlsm

　　早期繫結（Early Binding）的 VBA 程式碼是使用內建型別方式來建立
XMLHttpRequest 物件，我們需要在 VBA 編輯器執行工具 / 設定引用項目
命令勾選引用項目後才能使用此物件。其優點是執行速度比較快，撰寫程式
碼時可以提供智慧指引，問題是如果忘了勾選引用項目，在執行程式時，就
會顯示「使用者自訂型態尚未定義」的錯誤。

　　我們準備修改 ch7-2-2.xlsm，改用早期繫結建立 XMLHttpRequest 物
件後，送出相同 URL 網址 https://fchart.github.io/fchart.html 的 HTTP 請
求，然後在訊息視窗顯示回應的 HTML 標籤，其步驟如下所示：

Step **1** 請複製 ch7-2-2.xlsm 後，貼上成為 ch7-2-2a.xlsm，即可啟動 Excel 開啟此活頁簿和 VBA 編輯器。

Step **2** 執行**工具 / 設定引用項目**命令，找到 Microsoft XML, v6.0（前一個是 3.0 版），勾選引用項目後，按**確定**鈕。

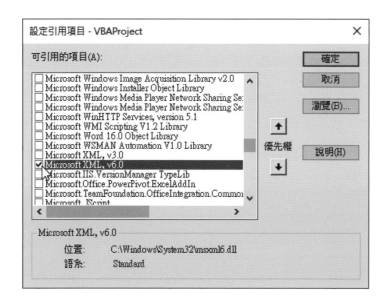

Step **3** 然後在 Sub…End Sub 之間修改 VBA 程式碼，如下所示：

```
Sub 取得網頁資料 _ Click()
    Dim xmlhttp As New MSXML2.XMLHTTP60
    Dim myurl As String

    myurl = "https://fchart.github.io/fchart.html"

    xmlhttp.Open "GET", myurl, False
    xmlhttp.Send

    MsgBox (xmlhttp.responseText)

    Set xmlhttp = Nothing
End Sub
```

上述程式碼改用 New 運算子建立 MSXML2.XMLHTTP60 物件 xmlhttp。

Step 4 在完成編輯後，請按上方**執行 Sub 或 UserForm** 鈕來執行程序，或在 Excel 工作表按**取得網頁資料**鈕，都可以看到和 ch7-2-2.xlsm 相同的 HTML 標籤字串。

☆ 使用 Status 屬性檢查 HTTP 請求狀態　　ch7-2-2b.xlsm

當 Excel VBA 使用 XMLHttpRequest 物件送出 HTTP 請求後，可以使用 Status 唯讀屬性來取得 HTTP 狀態碼，以便判斷 HTTP 請求是否成功，狀態值 200 是成功；值 400~500 是錯誤，值 404 是資源不存在的錯誤等，如下所示：

```
Dim xmlhttp As New MSXML2.XMLHTTP60
Dim myurl As String


myurl = "https://fchart.github.io/fchart.html"


xmlhttp.Open "GET", myurl, False
xmlhttp.Send


If xmlhttp.Status = 200 Then
    MsgBox (xmlhttp.responseText)
Else
    MsgBox ("HTTP請求錯誤: " & xmlhttp.Status)
End If


Set xmlhttp = Nothing
```

上述 If/Else 條件敘述判斷 Status 屬性值，如果是 200，就表示 HTTP 請求成功，可以顯示回應的 HTML 標籤字串；反之則會顯示錯誤訊息。其執行結果和 ch7-2-2a.xlsm 相同。

　　如果將 URL 網址改為：https://fchart.github.io/
fchart1.html，因為 fchart1.html 檔案並不存在，所
以顯示錯誤訊息的狀態碼是 404，如右圖所示：

7-2-3　指定和取得 HTTP 標頭資訊

　　XMLHttpRequest 物件提供相關方法來指定和取得 HTTP 標頭資訊，如
下表所示：

方法	說明
getResponseHeader(HeaderName)	取得指定 HTTP 標頭名稱的內容
setRequestHeader(HeaderName, value)	指定使用者自訂的 HTTP 標頭

☆ 取得指定 HTTP 標頭名稱的內容　　　　　　　　　ch7-2-3.xlsm

　　Excel VBA 在使用 XMLHttpRequest 物件送出 HTTP 請求後，可以使
用 getResponseHeader() 方法取得回應的標頭資訊，參數 Content-Type 是
內容類型；Content-Length 是內容長度，如下所示：

```
Dim xmlhttp As New MSXML2.XMLHTTP60
Dim myurl, ctype, clength As String

myurl = "https://fchart.github.io/fchart.html"

xmlhttp.Open "GET", myurl, False
xmlhttp.Send

If xmlhttp.Status = 200 Then
    ctype = xmlhttp.getResponseHeader("Content-Type")
    clength = xmlhttp.getResponseHeader("Content-Length")
    MsgBox (ctype & vbNewLine & clength)
Else
```

```
        MsgBox ("HTTP請求錯誤: " & xmlhttp.Status)
    End If

    Set xmlhttp = Nothing
```

在 上 述 If/Else 條 件 敘 述 共 呼 叫 2 次 getResponseHeader() 方法，可以分別取得參數 Content-Type 和 Content-Length 的標頭資訊。 其執行結果可以顯示 Content-Type 和 Content-Length 的標頭資訊，如右圖所示：

☆ 使用者自訂的 HTTP 標頭 ch7-2-3a.xlsm

當 Excel VBA 程式使用 XMLHttpRequest 物件送出 HTTP 請求後，我們並無法知道送出的請求到底送出什麼資料，為了方便測試 HTTP 請求和回應，我們可以使用 httpbin.org 服務來測試 HTTP 請求。

在 httpbin.org 網站提供 HTTP 請求 / 回應的測試服務，可以將我們送出的 HTTP 請求，自動使用 JSON 格式來回應送出的請求資料，其網址：http://httpbin.org，如下圖所示：

上述網頁內容列出支援的服務，當在 Chrome 瀏覽器輸入 http://httpbin.org/user-agent 使用者代理，可以取得送出 HTTP 請求的客戶端資訊，顯示客戶端電腦執行的作業系統，瀏覽器引擎和瀏覽器名稱等資訊，如下圖所示：

同理，Excel VBA 在使用 XMLHttpRequest 物件送出 HTTP 請求時，也可以使用自訂 HTTP 標頭的請求，例如：為了避免網站封鎖，我們可以更改 User-Agent 標頭資訊，偽裝成 Chrome 瀏覽器的 HTTP 標頭資訊，也就是說，將 XMLHttpRequest 物件送出的 HTTP 請求，偽裝成是 Chrome 瀏覽器送出的 HTTP 請求，如下所示：

```
Dim xmlhttp As Object
Dim myurl As String

Set xmlhttp = CreateObject("MSXML2.XMLHTTP.6.0")
myurl = "http://httpbin.org/user-agent"

xmlhttp.Open "GET", myurl, False
xmlhttp.setRequestHeader "User-Agent", "Mozilla/5.0 (Windows NT 10.0;
Win64; x64) AppleWebKit/537.36 (KHTML, like Gecko) Chrome/113.0.0.0
Safari/537.36"

xmlhttp.Send

If xmlhttp.Status = 200 Then
    MsgBox (xmlhttp.responseText)
Else
    MsgBox ("HTTP請求錯誤: " & xmlhttp.Status)
```

```
End If
```

```
Set xmlhttp = Nothing
```

上述程式碼呼叫 setRequestHeader() 方法指定 User-Agent 標頭資訊。其執行結果可以顯示 User-Agent 標頭資訊（請注意！當修改標頭資訊後，可能需重新啟動 Excel 後，才能真正的變更標頭資訊），如下圖所示：

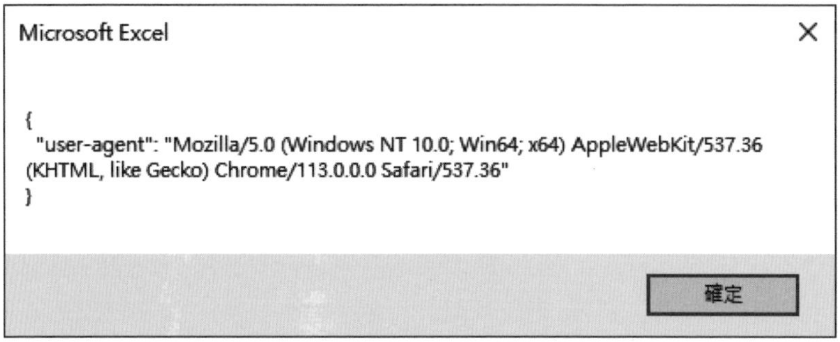

如果 Excel VBA 沒有使用 setRequestHeader() 方法指定標頭資訊（請註解掉此列 VBA 程式碼），XMLHttpRequest 物件送出 HTTP 請求的瀏覽器是 MSIE，即 Internet Explorer，如下圖所示：

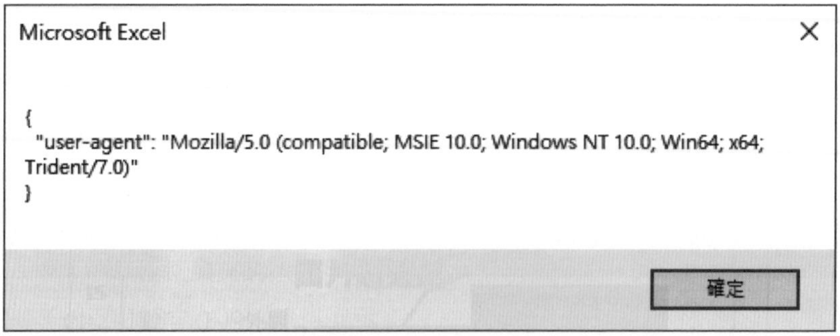

7-3 使用 Internet Explorer 物件取得 HTML 網頁資料

Excel VBA 也可以使用 Internet Explorer 物件送出 HTTP 請求來瀏覽 HTML 網頁，我們只需指定 URL 網址，就可以如同使用 Web 瀏覽器來瀏覽 HTML 網頁。

Excel VBA 的 Internet Explorer 物件就是 IE 瀏覽器，我們送出 HTTP 請求就是使用 Excel VBA 程式碼控制 IE 瀏覽器來瀏覽指定 URL 網址的 HTML 網頁。

 因為 Windows 10/11 作業系統更新 Microsoft Edge 時，就會自動永久停用 IE 瀏覽器，微軟公司已經聲明 Windows 11 作業系統只需更新至最新版本，Excel VBA 程式的 Internet Explorer 物件仍然可在不更改 VBA 程式碼來爬取 HTML 網頁內容和執行 IE 自動化。

☆ 使用晚期繫結建立 Internet Explorer 物件　　　ch7-3.xlsm

如同 XMLHttpRequest 物件，我們可以使用晚期繫結來建立 Internet Explorer 物件後，瀏覽 URL 網址 https://fchart.github.io/fchart.html 的 HTML 網頁，可以在訊息視窗顯示回應的 <body> 標籤內容。首先宣告 Object 物件變數 IE 和 URL 網址的字串變數 myurl 和 tagString，如下所示：

```
Dim IE As Object
Dim myurl, tagString As String

myurl = "https://fchart.github.io/fchart.html"

Set IE = CreateObject("InternetExplorer.Application")
```

上述程式碼指定 URL 網址字串後，呼叫 CreateObject() 函數建立 Internet Explorer 物件，參數是 ProgID 字串 "InternetExplorer.Application"。在下方指定 Visible 屬性值為 True，顯示瀏覽器視窗（值為 False 則不顯示瀏覽器視窗），如下所示：

```
IE.Visible = True
IE.navigate myurl

Do
   DoEvents
Loop Until IE.readyState = READYSTATE _ COMPLETE
```

上述程式碼呼叫 navigate() 方法瀏覽參數的 URL 網址後，使用 Do/Loop Until 迴圈檢查直到 readyState 屬性值是 READYSTATE_ COMPLETE 為止，表示已經完全載入網頁內容。

在下方指定變數 tagString 是 IE.document 屬性的 HTML 網頁下的 body 屬性的 innerHTML 屬性值，body 屬性就是 <body> 標籤，innerHTML 屬性是 <body> 標籤內容的 HTML 標籤字串，如下所示：

```
tagString = IE.document.body.innerHTML
IE.Quit

MsgBox (tagString)

Set IE = Nothing
```

上述程式碼呼叫 Quit() 方法離開瀏覽器後，使用 MsgBox() 函數顯示 HTML 標籤內容，最後指定成 Nothing 來釋放物件佔用的資源。其執行結果請按取回標籤內容鈕，可以看到瀏覽器視窗，在關閉後，即可在訊息視窗顯示擷取的 <body> 標籤內容，如下圖所示：

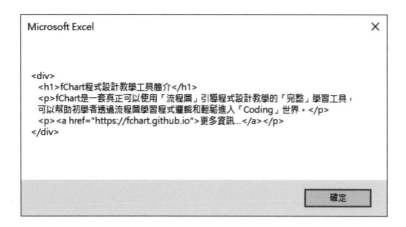

 請注意！Internet Explorer 和 XMLHttpRequest 物件的差異是 Internet Explorer 物件會執行 JavaScript 程式碼。在第 5-2 節說明過 JavaScript 程式碼有可能更改目標資料的 HTML 標籤，所以，Excel VBA 建議使用 Internet Explorer 物件來建立爬蟲程式。

☆ 使用早期繫結建立 Internet Explorer 物件   ch7-3a.xlsm

接著使用早期繫結建立 Internet Explorer 物件，和瀏覽 URL 網址 https://fchart.github.io/fchart.html 的 HTML 網頁，可以在訊息視窗顯示擷取的 HTML 標籤內容，首先需要設定引用項目，請執行工具 / 設定引用項目命令，勾選 Microsoft Internet Controls 項目，按確定鈕，如下圖所示：

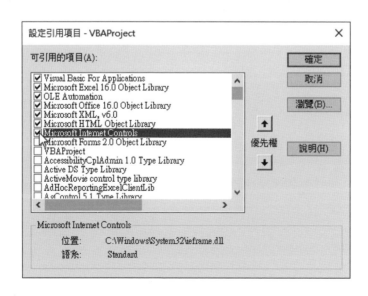

在引用項目後，Excel VBA 程式就可以使用早期繫結建立 Internet Explorer 物件，如下所示：

```
Dim IE As New InternetExplorer
Dim myurl, tagString As String

myurl = "https://fchart.github.io/fchart.html"

IE.Visible = True
IE.navigate myurl

Do
    DoEvents
Loop Until IE.readyState = READYSTATE _ COMPLETE

tagString = IE.document.body.innerHTML
IE.Quit

MsgBox (tagString)
...
```

上述程式碼改用 New 運算子建立 InternetExplorer 物件 IE。其執行結果可以在訊息視窗顯示擷取的 <body> 標籤內容，如下圖所示：

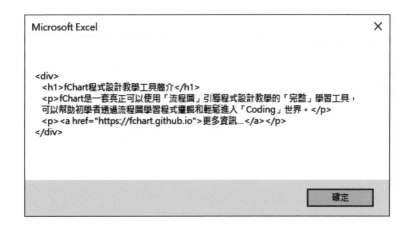

7-4 ChatGPT 應用：取得 Bootstrap 相簿網頁的網頁資料

　　我們可以讓 ChatGPT 幫助我們寫出一個 VBA 程序，以取得第 6-6 節 Bootstrap 相簿網頁的網頁資料，其 URL 網址如下所示：

```
https://fchart.github.io/test/album.html
```

　　從本章之前的內容可得知，Excel VBA 取得網路資料有 2 種物件，各有晚期和早期繫結 2 種方法來建立物件，所以共有 4 種寫法來取得 Bootstrap 相簿網頁的網頁資料。ChatGPT 詳細的問題和功能描述（ch7-4.txt），如下所示：

> **Q** 請建立一個 Excel VBA 程序 GetHTMLData()，並且加上繁體中文的註解文字，可以取得 URL 網址 https://fchart.github.io/test/album.html 的 HTML 標籤資料後，將 HTML 標籤資料寫入 Excel 工作表 "工作表 1" 的 "A1" 儲存格。

　　在上述問題的提示文字中，並沒有提供如何送出 HTTP 請求的線索，所以 ChatGPT 可能使用 4 種方法的任一種方法來寫 VBA 程序。

　　為了讓 ChatGPT 使用指定的方法來送出 HTTP 請求，我們可以使用舉例說明，或提供部分 VBA 程式碼範本，讓 ChatGPT 依據我們的需求來寫出預期的 VBA 程式碼。

☆ 舉例說明晚期或早期繫結　　ch7-4_gpt.xlsm、ch7-4a_gpt.xlsm

　　因為 ChatGPT 並不清楚什麼是 VBA 的晚期繫結和早期繫結，我們可以先舉例說明後，再請 ChatGPT 依據需求，使用晚期或早期繫結來建立 HTTP 物件。ChatGPT 詳細的問題和功能描述（ch7-4a.txt），如下所示：

> **Q** 晚期繫結（Late Binding）是使用CreateObject()函數來建立物件，如下所示：
>
> Dim xmlhttp As Object
>
> Set xmlhttp = CreateObject("MSXML2.XMLHTTP.6.0")
> 早期繫結（Early Binding）是如同使用內建型別來建立物件，如下所示：
>
> Dim xmlhttp As New MSXML2.XMLHTTP60
>
> 請建立一個Excel VBA程序GetHTMLData()，並且加上繁體中文的註解文字，使用早期繫結建立MSXML2.XMLHTTP60物件取得URL網址 https://fchart.github.io/test/album.html的HTML標籤資料後，將HTML標籤資料寫入Excel工作表"工作表1"的"A1"儲存格。

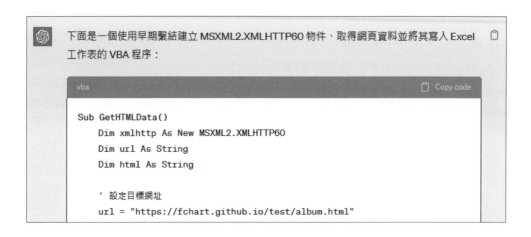

下面是一個使用早期繫結建立 MSXML2.XMLHTTP60 物件、取得網頁資料並將其寫入 Excel 工作表的 VBA 程序：

```vba
Sub GetHTMLData()
    Dim xmlhttp As New MSXML2.XMLHTTP60
    Dim url As String
    Dim html As String

    ' 設定目標網址
    url = "https://fchart.github.io/test/album.html"
```

```
    ' 發送 HTTP 請求並取得網頁資料
    xmlhttp.Open "GET", url, False
    xmlhttp.send

    ' 檢查 HTTP 回應狀態
    If xmlhttp.Status = 200 Then
        ' 將網頁資料存入變數
        html = xmlhttp.responseText

        ' 寫入 Excel 工作表
        Sheets("工作表1").Range("A1").Value = html

        MsgBox "網頁資料已成功寫入 A1 儲存格。"
    Else
        MsgBox "無法取得網頁資料。HTTP 狀態碼: " & xmlhttp.Status
    End If

    ' 釋放物件
    Set xmlhttp = Nothing
End Sub
```

　　請點選程式框右上方 Copy code，複製程式碼至剪貼簿，然後貼上至 Excel 檔 ch7-4_gpt.xlsm 後，在工作表新增按鈕控制項來執行此 VBA 程序。其執行結果可以看到一個對話方塊，如下圖所示：

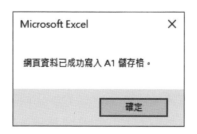

　　上述訊息指出已經將網頁資料寫入 A1 儲存格，同時，在 A1 儲存格可以看到網頁內容的 HTML 標籤，如下圖所示：

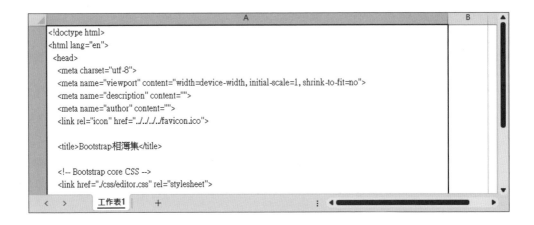

　　相同的技巧，我們可以讓 ChatGPT 使用 Internet Explorer 物件來送出 HTTP 請求。ChatGPT 詳細的問題和功能描述（ch7-4b.txt），如下所示：

Q　晚期繫結（Late Binding）是使用CreateObject()函數來建立物件，如下所示：

Dim IE As Object

Set IE = CreateObject("InternetExplorer.Application")
早期繫結（Early Binding）是如同使用內建型別來建立物件，如下所示：

Dim IE As New InternetExplorer

請建立一個Excel VBA程序GetHTMLData()，並且加上繁體中文的註解文字，使用晚期繫結建立Internet Explorer物件取得URL網址https://fchart.github.io/test/album.html的HTML標籤資料後，將HTML標籤資料寫入Excel工作表"工作表1"的"A1"儲存格。

```vba
vba                                                           Copy code

Sub GetHTMLData()
    Dim IE As Object
    Dim HTMLDoc As Object
    Dim URL As String

    ' 設定要讀取的 URL
    URL = "https://fchart.github.io/test/album.html"

    ' 建立 Internet Explorer 物件
    Set IE = CreateObject("InternetExplorer.Application")

    ' 設定 IE 物件的屬性
    With IE
        .Visible = False ' 可以設定為 True 以顯示瀏覽器視窗，設定為 False 可以在背景
        .Navigate URL ' 導航到指定的 URL
        ' 等待網頁載入完成
        Do While .Busy Or .ReadyState <> 4
            DoEvents
        Loop
        ' 取得 HTML 文件
        Set HTMLDoc = .Document
    End With

    ' 取得 HTML 標籤資料
    Dim HTMLData As String
    HTMLData = HTMLDoc.body.innerHTML

    ' 開啟 Excel 活頁簿並選擇工作表
    Dim wb As Workbook
    Dim ws As Worksheet
    Set wb = ThisWorkbook
    Set ws = wb.Worksheets("工作表1")

    ' 將 HTML 標籤資料寫入工作表的 A1 儲存格
    ws.Range("A1").Value = HTMLData

    ' 關閉 Internet Explorer 物件
    IE.Quit

    ' 釋放物件記憶體
    Set IE = Nothing
    Set HTMLDoc = Nothing

    MsgBox "完成！已將 HTML 標籤資料寫入 A1 儲存格。"
End Sub
```

上述程式碼是使用 With/End With 程式區塊來設定 IE 物件的屬性，請複製程式碼建立 ch7-4a_gpt.xlsm，可以得到相同的執行結果。

☆ 提供程序範本來續寫使用晚期或早期繫結
ch7-4b_gpt.xlsm、
ch7-4c_gpt.xlsm

除了舉例說明外，我們也可以提供 VBA 程序的部分程式碼來讓 ChatGPT 幫助我們繼續寫出完整的 VBA 程序，因為在部分程式碼已經指明建立 HTTP 物件的方法，所以能夠依據我們的需求，使用指定方法來寫出 VBA 程序。

在 ChatGPT 詳細的問題和功能描述中，因為是續寫 VBA 程式碼，有時並不會顯示出程式框，為了讓 ChatGPT 使用程式框來顯示 VBA 程式碼，所以在最後加上一句輸出方法的暗示（ch7-4c.txt），如下所示：

> **Q** 請繼續完成下列Excel VBA程序，並且加上繁體中文的註解文字，可以將URL網址myurl取得的HTML標籤資料寫入Excel工作表"工作表1"的"A1"儲存格，如下所示：
>
> Sub 取得HTML標籤資料()
>   Dim xmlhttp As Object
>   Dim myurl As String
>   Set xmlhttp = CreateObject("MSXML2.XMLHTTP.6.0")
>   myurl = "https://fchart.github.io/test/album.html"
>   ...
> End Sub
>
> 請使用Code View顯示寫出的VBA程式碼。

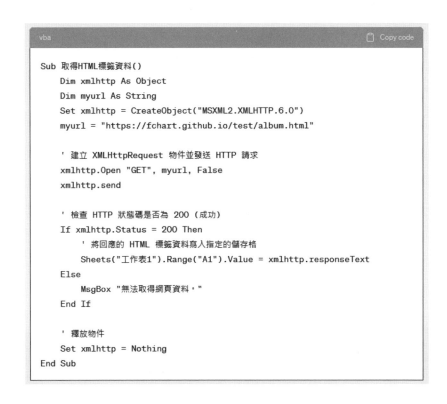

```vba
Sub 取得HTML標籤資料()
    Dim xmlhttp As Object
    Dim myurl As String
    Set xmlhttp = CreateObject("MSXML2.XMLHTTP.6.0")
    myurl = "https://fchart.github.io/test/album.html"

    ' 建立 XMLHttpRequest 物件並發送 HTTP 請求
    xmlhttp.Open "GET", myurl, False
    xmlhttp.send

    ' 檢查 HTTP 狀態碼是否為 200（成功）
    If xmlhttp.Status = 200 Then
        ' 將回應的 HTML 標籤資料寫入指定的儲存格
        Sheets("工作表1").Range("A1").Value = xmlhttp.responseText
    Else
        MsgBox "無法取得網頁資料。"
    End If

    ' 釋放物件
    Set xmlhttp = Nothing
End Sub
```

上述程式碼是使用晚期繫結建立 XMLHttpRequest 物件。請複製程式碼建立 ch7-4b_gpt.xlsm，可以得到相同的執行結果。

相同技巧，我們可以讓 ChatGPT 使用早期繫結 Internet Explorer 物件來送出 HTTP 請求。ChatGPT 詳細的問題和功能描述（ch7-4d.txt），如下所示：

> **Q** 請繼續完成下列Excel VBA程序，並且加上繁體中文的註解文字，可以將URL網址myurl取得的HTML標籤資料寫入Excel工作表"工作表1"的"A1"儲存格，如下所示：
>
> Sub 取得HTML標籤資料()
>
>   Dim IE As New InternetExplorer
>
>   Dim myurl, tagString As String

```
myurl = "https://fchart.github.io/test/album.html"
IE.Visible = True
IE.navigate myurl
...
End Sub
```

請使用Code View顯示寫出的VBA程式碼。

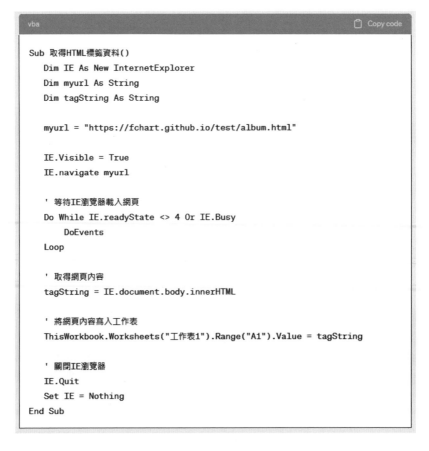

```vba
                                                              Copy code
Sub 取得HTML標籤資料()
    Dim IE As New InternetExplorer
    Dim myurl As String
    Dim tagString As String

    myurl = "https://fchart.github.io/test/album.html"

    IE.Visible = True
    IE.navigate myurl

    ' 等待IE瀏覽器載入網頁
    Do While IE.readyState <> 4 Or IE.Busy
        DoEvents
    Loop

    ' 取得網頁內容
    tagString = IE.document.body.innerHTML

    ' 將網頁內容寫入工作表
    ThisWorkbook.Worksheets("工作表1").Range("A1").Value = tagString

    ' 關閉IE瀏覽器
    IE.Quit
    Set IE = Nothing
End Sub
```

　　上述程式碼是使用晚期繫結建立 XMLHttpRequest 物件。請複製程式碼
建立 ch7-4c_gpt.xlsm，可以得到相同的執行結果。

① 請簡單說明 Excel 工作表如何直接匯入網頁資料？什麼是 httpbin.org 服務？

② 請說明 Excel VBA 的早期繫結和晚期繫結是什麼？這 2 種方式有何不同？

③ 請說明 XMLHttpRequest 物件如何指定 HTTP 標頭資訊？

④ 請啟動 Excel 新增空白活頁簿後，使用匯入網頁資料功能直接匯入網址：https://fchart.github.io/test/table.html 的 HTML 表格資料？

⑤ 請使用 XMLHttpRequest 物件建立爬蟲程式來取得 HTML 標籤內容，可以使用 MsgBox() 函數顯示學習評量 ④ 網址的 HTML 標籤內容。

⑥ 請詢問 ChatGPT 使用 Internet Explorer 物件建立爬蟲程式來取得回應的 HTML 標籤內容，可以使用 MsgBox() 函數顯示學習評量 ④ 網址的 <body> 標籤內容。

MEMO

8

用 ChatGPT × Excel VBA 建立網路 爬蟲程式

「DOM」（Document Object Model）中文譯名是文件物件模型，簡單地說，就是將文件物件化，以便提供一套通用的存取方式來處理 HTML 網頁內容。

8-1-1 DOM 物件模型的基礎

DOM 提供 HTML 網頁一種通用的存取方式，可以將 HTML 元素轉換成一棵節點樹，每一個標籤和文字內容是一個一個「節點」（Nodes），依各節點之間的關係連接成樹狀結構，可以讓我們走訪節點來存取 HTML 元素，例如：一份 HTML 網頁，如下所示：

```
<html>
<head>
<title>範例文件</title>
</head>
<body>
    <h2>網頁語言</h2>
    <p>JavaScript是一種<i>Simple</i>語言</p>
</body>
</html>
```

上述 HTML 網頁從 DOM 角度來看，就是一棵樹狀結構的節點樹，如下圖所示：

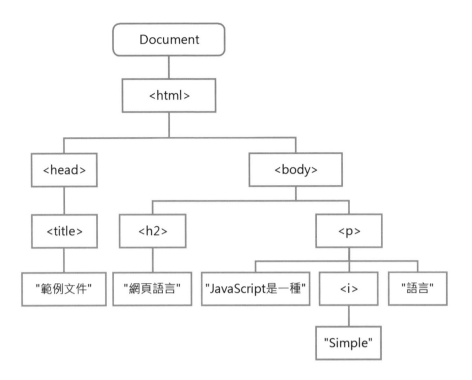

上述圖例可以看出節點之間的關係，每一個節點都是一個物件，在父節點之下擁有下一層子節點（Child Node），上一層是父節點（Parent Node），左右同一層是兄弟節點（Sibling Node），最下層節點稱為葉節點（Leaf Node），HTML 網頁顯示的內容是「文字節點」（Text Node）。

我們可以詢問 ChatGPT 什麼是 HTML 的 DOM，詳細的問題描述（ch8-1-1.txt），如下所示：

> **Q** 你是VBA程式專家，請使用繁體中文說明什麼是Excel VBA處理HTML的DOM（Document Object Model）？
>
> 對象請用物件來替換。

Excel VBA是Microsoft Excel中的一種程式語言，它可以用於自動化任務並擴展Excel的功能。 📋
VBA與HTML DOM（Document Object Model）結合使用可以讓我們在Excel中處理HTML文件。

HTML DOM是HTML文檔的物件表示形式，它允許我們使用程式碼來操縱HTML文檔的內容、結構和樣式。在Excel VBA中，我們可以使用HTML DOM物件模型來處理和操作HTML文檔。

首先，我們需要使用VBA中的 `CreateObject` 函數創建一個HTML DOM物件。這個物件代表了整個HTML文檔，我們可以通過這個物件來訪問文檔的各個元素和屬性。

例如，我們可以使用DOM物件的 `getElementsByTagName` 方法來獲取HTML文檔中特定標籤名的元素。這將返回一個元素集合，我們可以遍歷這個集合並對每個元素進行操作，例如獲取其內容、設置其屬性等。

8-1-2 在 Excel VBA 使用 DOM 物件模型

Excel VBA 可以使用 DOM 物件模型來存取 HTML 元素，不論你是使用 XMLHttpRequest 或 Internet Explorer 物件，都可以使用 HTML Object Library 來處理 HTML 網頁的 DOM 物件，即 HTMLDocument 物件，如下所示：

◆ Microsoft HTML Object Library (mshtml.tlb)：此函式庫可以使用 DOM 來存取 HTML 網頁中的 HTML 元素，在 VBA 中需要先引用此項目，如下圖所示：

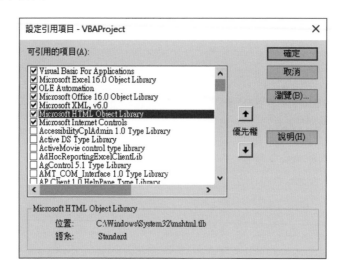

☆ 使用 XMLHttpRequest 物件取得 HTMLDocument 物件

在第 7-2 節已經說明過 XMLHttpRequest 物件如何送出 HTTP GET 請求,其基本 VBA 程式結構如下所示:

```
Dim xmlhttp As New MSXML2.XMLHTTP60
Dim html As New HTMLDocument

myurl = "https://fchart.github.io/fchart.html"
xmlhttp.Open "GET", myurl, False

xmlhttp.Send
```

上述程式碼的 html 變數是 HTMLDocument 物件,在成功送出 HTML 請求取得回應資料後,即可建立 HTMLDocument 物件,如下所示:

```
If xmlhttp.Status = 200 Then
    html.body.innerHTML = xmlhttp.responseText
    ...
End If
```

上述 If 條件敘述判斷是否請求成功,成功即可取得回應 HTML 網頁內容的 responseText 屬性值,如下所示:

```
html.body.innerHTML = xmlhttp.responseText
```

上述程式碼的 html 變數是使用 body 物件的 innerHTML 屬性來建立 DOM 物件後,就可以使用之後說明的方法來定位和擷取 HTML 元素的資料。例如:呼叫 getElementById() 方法,如下所示:

```
Set tag1 = html.getElementById("content")
```

☆ 使用 Internet Explorer 物件取得 HTMLDocument 物件

在第 7-3 節已經說明過 Internet Explorer 物件如何送出 HTTP GET 請求來瀏覽 HTML 網頁，其基本 VBA 程式結構如下所示：

```
Dim IE As New InternetExplorer
Dim html As New HTMLDocument
myurl = "https://fchart.github.io/fchart.html"

IE.Visible = False
IE.navigate myurl
Do While IE.readyState <> READYSTATE _ COMPLETE
    DoEvents
Loop
```

上述程式碼的 html 變數是 HTMLDocument 物件，在成功送出 HTML 請求取得回應後，就可以建立 HTMLDocument 物件，如下所示：

```
Set html = IE.document
```

上述程式碼可以取得回應 HTML 網頁內容的 DOM，即 IE 的 document 屬性值後，就可以使用本書之後說明的方法和屬性來擷取 HTML 元素的資料。例如：呼叫 getElementById() 方法，如下所示：

```
Set tag1 = html.getElementById("content")
```

因為 IE.document 屬性就是 Internet Explorer 控制項本身的 DOM，我們也可以不建立 HTMLDocument 物件，直接使用 IE.document 來呼叫這些方法和屬性，如下所示：

```
Set tag1 = IE.document.getElementById("content")
```

8-2 使用 DOM 方法擷取 HTML 標籤資料

　　DOM 是一個存取和更新文件內容、結構的程式介面。基本上，使用 DOM 就是從 HTML 網頁轉換成 DOM 樹，即可取得指定 HTML 元素的節點物件。本節測試 HTML 網頁的 URL 網址，如下所示：

◆ https://fchart.github.io/test/htmldom.html

使用Id屬性取得元素節點

使用Id屬性取得元素節點(id=content)

Google(id=google)

HTML元素H2(class=pp)

HTML元素P(name=hh,class=pp)

HTML元素P(class=pp)

HTML元素H2(name=hh)

8-2-1 使用 Id 屬性取得指定的 HTML 元素

　　HTML 網頁的 Id 屬性是 HTML 元素的唯一識別字，如果 HTML 元素有 Id 屬性值，就可以使用 Id 屬性來取得此 HTML 元素（因為是唯一識別字，所以只會有 1 個）。

HTMLDocument 物件的 getElementById() 方法可以擷取 HTML 網頁指定的 HTML 元素，和回傳此元素的物件，這是使用參數的 id 屬性值來取得指定 HTML 元素，如下所示：

```
<p id="content">使用Id屬性取得元素節點(id=content)</p>
...
<a id="google" name="hh"
    href="http://www.google.com.tw">Google<b>(id=google)</b></a>
```

上述 <p> 標籤的 id 屬性值是 content；<a> 超連結標籤的 id 屬性值是 google，我們可以使用這 2 個屬性值取回 p 和 a 元素的 IHTMLElement 物件，如下所示：

```
Set tag1 = html.getElementById("content")
...
Set tag2 = html.getElementById("google")
```

上述程式碼的 html 變數是 HTMLDocument 物件，然後呼叫 2 次 getElementById() 方法取得 id 屬性值是參數 "content" 和 "google" 的 HTML 元素。在 Excel VBA 程式首先建立 InternetExplorer 和 HTMLDocument 物件，然後是 2 個標籤的 IHTMLElement 物件，如下所示：

```
Dim IE As New InternetExplorer
Dim html As New HTMLDocument
Dim tag1 As MSHTML.IHTMLElement
Dim tag2 As MSHTML.IHTMLElement

Dim myurl As String

myurl = "https://fchart.github.io/test/htmldom.html"

IE.Visible = False
IE.navigate myurl
```

```
Do While IE.readyState <> READYSTATE _ COMPLETE
    DoEvents
Loop

Set html = IE.document

Set tag1 = html.getElementById("content")
Sheets(1).Cells(1, 1).Value = tag1.tagName
Sheets(1).Cells(1, 2).Value = tag1.nodeName
```

　　上述程式碼呼叫 getElementById() 方法取得 <p> 標籤物件（因為 id 屬性值是唯一值，所以取回的只有一個 HTML 元素的 IHTMLElement 物件），然後在 Excel 工作表的 "A1"~"B1" 儲存格的 Value 屬性值填入 <p> 標籤的 nodeName 或 tagName 屬性值，回傳的是大寫的標籤名稱字串，以此例而言就是 P。

　　在下方呼叫 getElementById() 方法取得 <a> 標籤物件後，在工作表的 "A2" ~"A3" 儲存格的 Value 屬性值填入 <a> 標籤的 tagName 或 href 屬性值，而 href 屬性就是 HTML 標籤的原生屬性，如下所示：

```
Set tag2 = html.getElementById("google")
Sheets(1).Cells(2, 1).Value = tag2.tagName
Sheets(1).Cells(3, 1).Value = tag2.href

Set IE = Nothing
Set html = Nothing
Set tag1 = Nothing
Set tag2 = Nothing
```

　　請啟動 Excel 開啟 ch8-2-1.xlsm，按清除鈕清除儲存格內容後，按測試鈕，可以在儲存格顯示從網頁擷取的 HTML 標籤名稱和 herf 屬性值，如下圖所示：

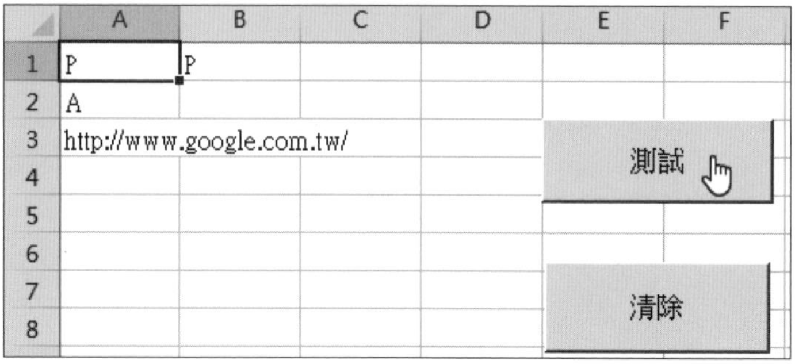

8-2-2　使用 name、class 屬性和標籤名稱取得元素清單

HTMLDocument 物 件 的 getElementById() 方 法 可 以 取 得 id 屬性值的單一 HTML 元素，如果在 HTML 網頁擁有多個相同的標籤名稱，或相同的 name 和 class 屬性值，我們取得的就是多個 HTML 元素的 IHTMLElementCollection 集合物件，如下所示：

```
<h2 name="hh">使用Id屬性取得元素節點</h2>
<hr/>
<p id="content">使用Id屬性取得元素節點(id=content)</p>
<p><a id="google" name="hh"
    href="http://www.google.com.tw">Google<b>(id=google)</b></a></p>
<h2 class="pp">HTML元素H2(class=pp)</h2>
<hr/>
<p name="hh" class="pp">HTML元素P(name=hh,class=pp)</p>
<p class="pp">HTML元素P(class=pp)</p>
<h2 name="hh">HTML元素H2(name=hh)</h2>
```

上述 HTML 標籤共有 4 個 <p> 標籤；3 個 <h2> 標籤；class 屬性值是 "pp" 的有 3 個；name 屬性值是 "hh" 的有 4 個 HTML 標籤。

VBA 程式可以分別使用 name 屬性、class 屬性和標籤名稱來取回 HTML 元素的集合物件（因為有多個 HTML 元素），如下圖所示：

上述 <p> 標籤名稱是使用 getElementsByTagName() 方法，name 屬性值是使用 getElementsByName() 方法，class 屬性值是使用 getElementsByClassName() 方法。

☆ getElementsByTagName() 方法   ch8-2-2.xlsm

HTMLDocument 物件的 getElementsByTagName() 方法可以回傳指定標籤名稱的 HTML 元素的 IHTMLElementCollection 集合物件，如下所示：

```
Set tags1 = html.getElementsByTagName("p")
...
Set tags2 = html.getElementsByTagName("h2")
```

上述程式碼可以取回 HTML 網頁所有 <p> 和 <h2> 標籤的節點，因為可能有多個同名標籤，所以回傳的不是單一物件，而是類似陣列的集合物件，我們可以使用 Length 屬性取得共有幾個物件，如下所示：

```
Sheets(1).Cells(1, 1).Value = tags1.Length
```

上述程式碼取得 HTML 網頁共有幾個 <p> 標籤。在 Excel VBA 程式首先建立 InternetExplorer 和 HTMLDocument 物件，然後是 2 個 HTML 標籤的 IHTMLElementCollection 集合物件，如下所示：

```
Dim IE As New InternetExplorer
Dim html As New HTMLDocument
Dim tags1 As MSHTML.IHTMLElementCollection
Dim tags2 As MSHTML.IHTMLElementCollection
```

```
Dim myurl As String

myurl = "https://fchart.github.io/test/htmldom.html"

IE.Visible = False
IE.navigate myurl

Do While IE.readyState <> READYSTATE _ COMPLETE
    DoEvents
Loop

Set html = IE.document

Set tags1 = html.getElementsByTagName("p")
Sheets(1).Cells(1, 1).Value = tags1.Length
Sheets(1).Cells(1, 2).Value = tags1(0).ID
```

上述程式碼指定 HTMLDocument 物件 html 是 IE.document 後，呼叫 getElementsByTagName() 方法取得 <p> 標籤物件，因為有多個 <p> 標籤，所以 Excel 工作表是在 "A1"~"B1" 儲存格的 Value 屬性值填入 <p> 標籤數量的 Length 屬性和第 1 個 <p> 標籤的 ID 屬性值。

在下方呼叫 getElementsByTagName() 方法取得 <h2> 標籤的集合物件後，在 Excel 工作表的 "A2" 儲存格的 Value 屬性值填入 <h2> 標籤的 Length 屬性值，如下所示：

```
Set html = IE.document

Set tags2 = html.getElementsByTagName("h2")
Sheets(1).Cells(2, 1).Value = tags2.Length

Set IE = Nothing
Set html = Nothing
Set tags1 = Nothing
Set tags2 = Nothing
```

請啟動 Excel 開啟 ch8-2-2.xlsm，按**清除**鈕清除儲存格內容後，按**測試**鈕，可以在儲存格顯示從網頁擷取的 HTML 標籤 <p> 和 <h2> 的數量，"B1" 儲存格是 id 屬性值，如下圖所示：

	A	B
1	4	content
2	3	

☆ getElementsByClassName() 方法   ch8-2-2a.xlsm

HTMLDocument 物件的 getElementsByClassName() 方法可以回傳指定 class 屬性值的 HTML 元素的集合物件，如下所示：

```
Set tags1 = html.getElementsByClassName("pp")
```

上述程式碼取回 HTML 網頁中所有 class 屬性值 "pp" 的 HTML 元素，如下所示：

```
<p class="pp">HTML元素P(class=pp)</p>
```

因為上述 <p> 標籤的 class 屬性值不一定是唯一，可能有多個 HTML 標籤都擁有相同的 class 屬性值，所以回傳的不是單一物件，而是集合物件。在 Excel VBA 程式首先建立 XMLHttpRequest 和 HTMLDocument 物件，和 1 個 HTML 標籤的 IHTMLElementCollection 集合物件，如下所示：

```
Dim xmlhttp As New MSXML2.XMLHTTP60
Dim html As New HTMLDocument
Dim tags1 As MSHTML.IHTMLElementCollection
Dim i As Integer

Dim myurl As String

myurl = "https://fchart.github.io/test/htmldom.html"
```

```
xmlhttp.Open "GET", myurl, False

xmlhttp.send

If xmlhttp.Status = 200 Then
    html.body.innerHTML = xmlhttp.responseText
```

上述程式碼指定 HTMLDocument 物件的 body.innerHTML 屬性值是 xmlhttp.responseText。在下方呼叫 getElementsByClassName() 方法取得擁有此 class 屬性值 HTML 標籤的集合物件，即可在 Excel 工作表的 "A1" 儲存格的 Value 屬性值填入標籤數量的 Length 屬性值，如下所示：

```
Set tags1 = html.getElementsByClassName("pp")
Sheets(1).Cells(1, 1).Value = tags1.Length

For i = 1 To tags1.Length
    Sheets(1).Cells(1 + i, 1).Value = tags1(i - 1).tagName
    Sheets(1).Cells(1 + i, 2).Value = tags1(i - 1).innerText
Next i
End If
```

上述 For/Next 迴圈走訪集合物件的所有 HTML 元素物件，可以依序在 Excel 儲存格顯示標籤名稱，和 innerText 屬性值的標籤內容。

```
Set xmlhttp = Nothing
Set html = Nothing
Set tags1 = Nothing
```

請啟動 Excel 開啟 ch8-2-2a.xlsm，按清除鈕清除儲存格內容後，按測試鈕，可以在儲存格顯示從網頁擷取 class 屬性值 "pp" 的所有 HTML 標籤，共找到 3 個，在下方依序是各 HTML 標籤的名稱和內容，如下圖所示：

	A	B	C	D
1	3			
2	H2	HTML元素H2(class=pp)		
3	P	HTML元素P(name=hh,class=pp)		
4	P	HTML元素P(class=pp)		

☆ getElementsByName() 方法

ch8-2-2b.xlsm

HTMLDocument 物件的 getElementsByName() 方法可以回傳指定 name 屬性值 HTML 元素的集合物件,如下所示:

```
Set tags1 = IE.document.getElementsByName("hh")
```

上述程式碼可以取回 HTML 網頁所有 name 屬性值是 "hh" 的 HTML 元素,如下所示:

```
<h2 name="hh">使用Id屬性取得元素節點</h2>
```

因為上述標籤的 name 屬性值不是唯一值,可能有多個同屬性值的 HTML 標籤,所以回傳的不是單一物件,而是集合物件。Excel VBA 程式首先建立 IE 和 HTML 標籤物件,如下所示:

```
Dim IE As Object
Dim tags1 As MSHTML.IHTMLElementCollection
Dim tag As MSHTML.IHTMLElement
Dim i As Integer

Dim myurl As String

myurl = "https://fchart.github.io/test/htmldom.html"

Set IE = CreateObject("InternetExplorer.Application")
```

上述程式碼呼叫 CreateObject() 函數建立 Internet Explorer 物件後，在下方使用 navigate() 方法瀏覽 URL 網址，如下所示：

```
IE.Visible = False
IE.navigate myurl
Do While IE.readyState <> READYSTATE _ COMPLETE
    DoEvents
Loop

Set tags1 = IE.document.getElementsByName("hh")
Sheets(1).Cells(1, 1).Value = tags1.Length
```

上述程式碼呼叫 getElementsByName() 方法取得擁有此 name 屬性值 HTML 標籤的集合物件後，在 Excel 工作表的 "A1" 儲存格的 Value 屬性值填入標籤數量的 Length 屬性值。

在下方 For Each/Next 迴圈走訪集合物件的所有 HTML 元素物件 tag 後，可以依序在 Excel 儲存格顯示標籤名稱，和 innerText 屬性值的標籤內容，如下所示：

```
i = 1
For Each tag In tags1
    Sheets(1).Cells(1 + i, 1).Value = tag.tagName
    Sheets(1).Cells(1 + i, 2).Value = tag.innerText
    i = i + 1
Next tag

Set IE = Nothing
Set tags1 = Nothing
Set tag = Nothing
```

請啟動 Excel 開啟 ch8-2-2b.xlsm，按**清除**鈕清除儲存格內容後，按**測試**鈕，可以在儲存格顯示從網頁擷取 name 屬性值 "hh" 的所有 HTML 標籤，共找到 4 個，在下方依序是各 HTML 標籤的名稱和內容，如下圖所示：

	A	B	C	D
1	4			
2	H2	使用Id屬性取得元素節點		
3	A	Google(id=google)		
4	P	HTML元素P(name=hh,class=pp)		
5	H2	HTML元素H2(name=hh)		
6				

☆ 使用 Item() 方法取得指定的節點物件　　ch8-2-2c.xlsm

請注意！除了 getElementById() 方法外，其他三種方法回傳的都是集合物件，除了使用 For Each/Next 迴圈，還可以使用 For/Next 迴圈配合 Item() 方法來取得指定 HTML 物件，如下所示：

```
Set tags1 = IE.document.getElementsByName("hh")

For i = 1 To tags1.Length
    Sheets(1).Cells(1 + i, 1).Value = tags1.Item(i - 1).tagName
    Sheets(1).Cells(1 + i, 2).Value = tags1.Item(i - 1).innerText
Next i
```

上述程式碼取得 name 屬性值 "hh" 標籤的集合物件後，使用 For/Next 迴圈一一取出 HTML 元素物件，迴圈是從 1 至 tags1.Length，這是 Excel 儲存格的索引位置，集合物件的索引因為是從 0 開始，所以需要減 1，如下所示：

```
tags1.Item(i - 1).tagName
```

上述程式碼使用 Item() 方法取得參數索引值的 HTML 元素物件，第 1 個物件的索引值是 0，第 2 個是 1，以此類推。Excel VBA 程式首先建立 IE 和 HTML 標籤物件，如下所示：

```
Dim IE As Object
Dim tags1 As MSHTML.IHTMLElementCollection
Dim i As Integer

Dim myurl As String

myurl = "https://fchart.github.io/test/htmldom.html"

Set IE = CreateObject("InternetExplorer.Application")

IE.Visible = False
IE.navigate myurl
Do While IE.readyState <> READYSTATE_COMPLETE
    DoEvents
Loop

Set tags1 = IE.document.getElementsByName("hh")
Sheets(1).Cells(1, 1).Value = tags1.Length

For i = 1 To tags1.Length
    Sheets(1).Cells(1 + i, 1).Value = tags1.Item(i - 1).tagName
    Sheets(1).Cells(1 + i, 2).Value = tags1.Item(i - 1).innerText
Next i

Set IE = Nothing
Set tags1 = Nothing
```

上述 For/Next 迴圈改用 Item() 方法走訪集合物件的所有 HTML 元素物件，可以依序在 Excel 儲存格顯示標籤名稱，和 innerText 屬性值的標籤內容。

　　請啟動 Excel 開啟 ch8-2-2c.xlsm，按清除鈕清除儲存格內容後，按測試鈕，可以在儲存格顯示從網頁擷取 name 屬性值 "hh" 的所有 HTML 標籤，共找到 4 個，在下方依序是各 HTML 標籤的名稱和內容，如下圖所示：

	A	B	C	D
1	4			
2	H2	使用Id屬性取得元素節點		
3	A	Google(id=google)		
4	P	HTML元素P(name=hh,class=pp)		
5	H2	HTML元素H2(name=hh)		

　　Excel 檔案 ch8-2-2d.xlsm 是修改 ch8-2-2a.xlsm，改用 Item() 方法來顯示所有 class 屬性值是 "pp" 的所有 HTML 標籤。

8-2-3 取得 HTML 元素內容

　　當使用 DOM 方法取得指定 HTML 元素物件後，就可以存取此 HTML 元素的內容。基本上，HTML 元素內容分為三種：HTML 元素字串（例如："Google(id=google)"）、單純文字內容或其他 HTML 元素，如下圖所示：

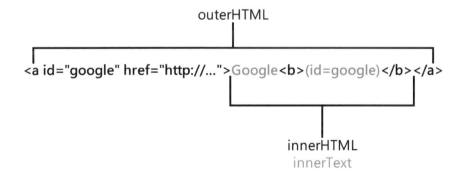

上述 HTML 元素物件支援多種屬性來存取內容，其說明如下表所示：

屬性	說明
innerHTML	存取元素的子標籤碼和文字內容，不含標籤本身
outerHTML	存取元素的子標籤碼和文字內容，包含標籤本身
innerText	存取元素的文字內容，不含任何標籤碼

上述 innerHTML 和 innerText 屬性值的範圍相同，其差異只在 innerHTML 包含子元素的標籤碼；innerText 不含任何標籤碼，如下所示：

```
Sheets(1).Cells(2, 1).Value = tag1.innerHTML
Sheets(1).Cells(3, 1).Value = tag1.outerHTML
Sheets(1).Cells(4, 1).Value = tag1.innerText
```

上述程式碼在取得 id 屬性值為 "google" 的 <a> 標籤物件後，分別使用三種屬性來取得 HTML 元素的內容。在 Excel VBA 程式 ch8-2-3.xlsm 首先建立 XMLHttpRequest 和 HTMLDocument 物件，然後是 1 個 HTML 標籤物件，如下所示：

```
Dim xmlhttp As New MSXML2.XMLHTTP60
Dim html As New HTMLDocument
Dim tag1 As MSHTML.IHTMLElement

Dim myurl As String

myurl = "https://fchart.github.io/test/htmldom.html"

xmlhttp.Open "GET", myurl, False

xmlhttp.send

If xmlhttp.Status = 200 Then
    html.body.innerHTML = xmlhttp.responseText
```

```
    Set tag1 = html.getElementById("google")
    Sheets(1).Cells(1, 1).Value = tag1.tagName
    Sheets(1).Cells(2, 1).Value = tag1.innerHTML
    Sheets(1).Cells(3, 1).Value = tag1.outerHTML
    Sheets(1).Cells(4, 1).Value = tag1.innerText
End If
```

上述程式碼呼叫 getElementById() 方法取得 <a> 標籤物件後，使用三種屬性來取得 HTML 標籤內容。

```
Set xmlhttp = Nothing
Set html = Nothing
Set tag1 = Nothing
```

請啟動 Excel 開啟 ch8-2-3.xlsm，按清除鈕清除儲存格內容後，按測試鈕，可以在儲存格顯示從網頁擷取的 HTML 標籤名稱和三種屬性的標籤內容，如下圖所示：

	A	B	C	D	E	F	G	H
1	A							
2	Google<B>(id=google)</B>							
3	<A id=google href="http://www.google.com.tw/" name=hh>Google<B>(id=google)</B></A>							
4	Google(id=google)							

上述 Excel 的 "A2" 儲存格是 innerHTML 屬性值，"A3" 儲存格是 outerHTML 屬性值，"A4" 儲存格是 innerText 屬性值。

8-3 使用 CSS 選擇器擷取 HTML 標籤資料

在 HTMLDocument 物件提供 2 個方法，可以使用參數的 CSS 選擇器字串來擷取 HTML 標籤資料。

請注意！因為 Internet Explorer 物件使用 IE.document 屬性取得的 HTMLDocument 物件比自行使用標籤字串建立 HTMLDocument 物件提供更完整 querySelectorAll() 方法的支援，所以，當用 CSS 選擇器時，在本書主要是使用 Internet Explorer 物件來擷取 HTML 標籤資料。

☆ querySelectorAll() 方法 　　　　　　　　　　　　　　ch8-3.xlsm

HTMLDocument 物件的 querySelectorAll() 方法可以取得參數 CSS 選擇器字串的所有 HTML 元素，這是 IHTMLDOMChildrenCollection 集合物件，如下所示：

```
Dim tags As MSHTML.IHTMLDOMChildrenCollection

Set tags = IE.document.querySelectorAll("#myul > li")
```

上述程式碼使用參數 CSS 選擇器字串，可以選擇 HTML 網頁所有 HTML 清單 <ul> 標籤下的 li 元素，即所有清單項目。Excel VBA 程式首先建立 Internet Explorer 物件，和宣告 HTML 標籤的集合物件，如下所示：

```
Dim IE As New InternetExplorer
Dim tags As MSHTML.IHTMLDOMChildrenCollection
Dim i As Integer

Dim myurl As String
```

```
myurl = "https://fchart.github.io/test/list.html"

IE.Visible = True
IE.navigate myurl
Do While IE.readyState <> READYSTATE _ COMPLETE
    DoEvents
Loop

Set tags = IE.document.querySelectorAll("#myul > li")
```

上述程式碼使用 querySelectorAll() 方法取得參數 CSS 選擇器字串的 <li> 標籤的集合物件。在下方 For/Next 迴圈使用 Item() 方法，以索引值來走訪集合物件的每一個 <li> 標籤物件，可以依序在 Excel 儲存格填入 innerText 屬性值的標籤內容，如下所示：

```
For i = 1 To tags.Length
    Sheets(1).Cells(i, 1).Value = tags.Item(i - 1).innerText
Next i
IE.Quit
Set IE = Nothing
Set tags = Nothing
```

請啟動 Excel 開啟 ch8-3.xlsm，按清除鈕清除儲存格內容後，按測試鈕，可以在儲存格顯示從網頁擷取的 5 個清單項目，如下圖所示：

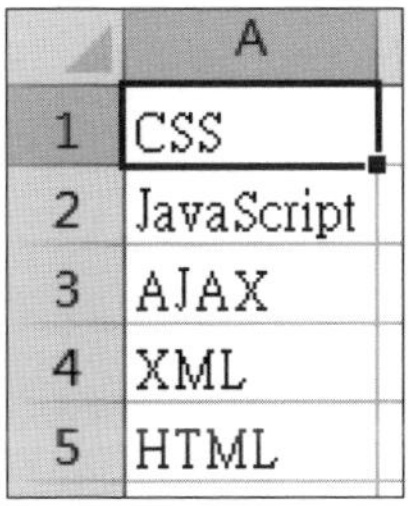

	A
1	CSS
2	JavaScript
3	AJAX
4	XML
5	HTML

☆ querySelector() 方法

HTMLDocument 物件的 querySelector() 方法和 querySelectorAll() 方法相似，不過 querySelector() 方法只會回傳第 1 個符合的 HTML 元素，這是 IHTMLElement 物件，如下所示：

```
Dim tr As MSHTML.IHTMLElement

Set tr = IE.document.querySelector("table > tbody > tr")
```

上述程式碼的 CSS 選擇器字串可以選擇 HTML 表格的第 1 列，即表格的標題列。Excel VBA 程式首先建立 Internet Explorer 物件，和宣告 HTML 標籤物件（請注意！querySelector() 方法回傳的是 IHTMLElement 物件；querySelectorAll() 方法回傳的是 IHTMLDOMChildrenCollection 集合物件），如下所示：

```
Dim IE As New InternetExplorer
Dim tr As MSHTML.IHTMLElement
Dim td As MSHTML.IHTMLDOMChildrenCollection
Dim i As Integer

Dim myurl As String

myurl = "https://fchart.github.io/test/table.html"

IE.Visible = False
IE.navigate myurl
Do While IE.readyState <> READYSTATE _ COMPLETE
    DoEvents
Loop

Set tr = IE.document.querySelector("table > tbody > tr")
Set td = tr.querySelectorAll("td")
```

　　上述程式碼使用 querySelector() 方法取得參數 CSS 選擇器字串的第 1 個 tr 元素物件後，再呼叫 querySelectorAll() 方法取得下一層的所有 <td> 標籤的集合物件（請注意！當使用 XMLHttpRequest 物件取得 HTML 標籤所建立的 HTMLDocument 物件，此物件並不支援在 <tr> 子標籤呼叫 querySelectorAll("td") 方法）。

　　在下方 For/Next 迴圈是使用 Item() 方法，以索引值來走訪集合物件的每一個 <td> 標籤物件，可以依序在 Excel 儲存格填入 innerText 屬性值的標籤內容，如下所示：

```
For i = 1 To td.Length
    Sheets(1).Cells(1, i).Value = td.Item(i - 1).innerText
Next i

IE.Quit

Set IE = Nothing
Set tr = Nothing
Set th = Nothing
```

　　請啟動 Excel 開啟 ch8-3a.xlsm，按清除鈕清除儲存格內容後，按測試鈕，可以在儲存格顯示從網頁擷取的 HTML 表格的標題列，如下圖所示：

	A	B	C	D
1	公司	聯絡人	國家	營業額

8-4 擷取階層結構的 HTML 清單和表格標籤

HTML 標籤結構是一種巢狀結構,在標籤中擁有子標籤,常用的階層結構標籤有清單、表格和巢狀 `<div>` 標籤,在這一節我們準備說明如何使用 CSS 選擇器來擷取階層結構的 HTML 標籤。

8-4-1 使用 CSS 選擇器擷取 HTML 清單標籤

HTML 清單是 `<ol>` 和 `<li>`,或 `<ul>` 和 `<li>` 標籤組成的階層結構,我們準備擷取 HTML 清單的測試網頁,其 URL 網址如下所示:

◆ https://fchart.github.io/test/books.html

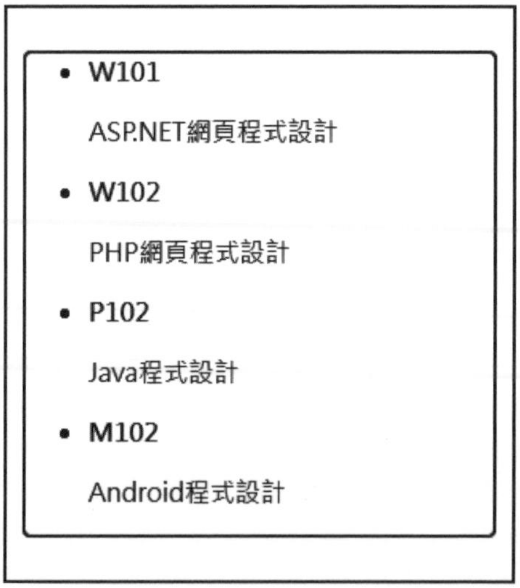

上述 HTML 清單標籤是一種階層結構,我們可以先使用 querySelector() 方法取得清單的 `<ol>` 或 `<ul>` 父標籤後,再從父標籤呼叫 querySelectorAll() 方法,擷取之下的所有 `<li>` 標籤,即可取得每一個清單項目的 HTML 標籤內容,如下圖所示:

```
<html>
▶ <head> ⋯ </head>                 ┌─────────────────┐
▼ <body>                            │  querySelector()│
   ▼ <div id="result" class=_ox">   └─────────────────┘
  ⋯   ▼ <ul class="list"> scroll-snap  == $0
         ▶ <li id="0"> ⋯ </li>  ┐   ┌──────────────────┐
         ▶ <li id="1"> ⋯ </li>  ├──  │ querySelectorAll()│
         ▶ <li id="2"> ⋯ </li>  │   └──────────────────┘
         ▶ <li id="3"> ⋯ </li>  ┘
       </ul>
     </div>
```

　　Excel 檔 案 ch8-4-1.xlsm 是 爬 取 https://fchart.github.io/test/books.
html 的清單資料來填入 Excel 儲存格，這是使用 Internet　Explorer 物件來
取得網頁資料，如下所示：

```
Dim IE As New InternetExplorer
Dim Root As MSHTML.IHTMLElement
Dim Container As MSHTML.IHTMLDOMChildrenCollection
Dim i, row _ idx As Integer
Dim ws As Worksheet
Set ws = ThisWorkbook.Worksheets("工作表1")

IE.Visible = False
IE.navigate "https://fchart.github.io/test/books.html"
Do While IE.readyState <> READYSTATE _ COMPLETE
    DoEvents
Loop

Set Root = IE.document.querySelector(".list")    ' <ul>
Set Container = Root.querySelectorAll("li")      ' <li>
```

　　上述程式碼因為 <ul> 標籤有 class 屬性值 "list"，所以呼叫 querySelector()
方法取得 <ul> 標籤物件後，再從此物件開始呼叫 querySelectorAll() 方法
取得之下所有 <li> 標籤的集合物件，即可使用 For/Next 迴圈走訪每一個
<li> 標籤，如下所示：

```
row_idx = 1
For i = 0 To Container.Length - 1
    ws.Cells(row_idx, 1) = Container.Item(i).querySelector("b").innerText
    ws.Cells(row_idx, 2) = Container.Item(i).querySelector("p").innerText
    row_idx = row_idx + 1
Next i
...
```

上述 For/Next 迴圈在使用 Item() 方法取得 <li> 標籤物件後，呼叫 2 次 querySelector() 方法來取得欄位的 <b> 和 <p> 標籤內容，即可寫入 Excel 儲存格。

請啟動 Excel 開啟 ch8-4-1.xlsm，按清除鈕清除儲存格內容後，按取得圖書資料鈕，可以在儲存格顯示從網頁擷取的 HTML 清單內容，即多本圖書資料，如下圖所示：

8-4-2 使用 CSS 選擇器擷取 HTML 表格標籤

HTML 表格是 <table>、<tr> 和 <td> 標籤組成的階層結構，我們準備擷取 HTML 表格的測試網頁，其 URL 網址如下所示：

◆ https://fchart.github.io/test/table.html

公司	聯絡人	國家	營業額
USA one company	Tom Lee	USA	3,000
Centro comercial Moctezuma	Francisco Chang	China	5,000
International Group	Roland Mendel	Austria	6,000
Island Trading	Helen Bennett	UK	3,000
Laughing Bacchus Winecellars	Yoshi Tannamuri	Canada	4,000
Magazzini Alimentari Riuniti	Giovanni Rovelli	Italy	8,000

　　上述 HTML 表格標籤是一種階層結構，我們可以先使用 querySelector() 方法取得表格的 <table> 父標籤後，再從父標籤呼叫 querySelectorAll() 方法擷取之下所有的 <tr> 標籤，即可使用迴圈走訪每一個 <tr> 標籤後，再一一呼叫 querySelectorAll() 方法擷取之下所有的 <td> 標籤，來取得每一個儲存格的資料，如下圖所示：

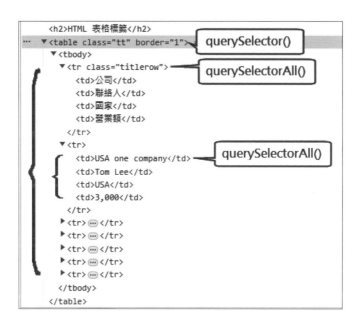

Excel 檔案 ch8-4-2.xlsm 是爬取 https://fchart.github.io/test/table.html 的 HTML 表格資料來填入 Excel 儲存格，這是使用 Internet Explorer 物件來取得網頁資料，如下所示：

```
Dim IE As New InternetExplorer
Dim myurl As String
Dim table As MSHTML.IHTMLElement
Dim tr, td As MSHTML.IHTMLDOMChildrenCollection
Dim i, j As Integer
Dim ws As Worksheet
Set ws = ThisWorkbook.Worksheets("工作表1")

myurl = "https://fchart.github.io/test/table.html"

IE.Visible = False
IE.navigate myurl
Do While IE.readyState <> READYSTATE _ COMPLETE
    DoEvents
Loop

Set table = IE.document.querySelector(".tt")       ' <table>
Set tr = table.querySelectorAll("tr")              ' <tr>
```

上述程式碼因為 <table> 標籤有 class 屬性值 "tt"，所以呼叫 querySelector() 方法取得 <table> 標籤物件後，再從此物件開始呼叫 querySelectorAll() 方法取得之下所有 <tr> 表格列標籤的集合物件，即可使用 2 層 For/Next 迴圈來走訪每一個 <td> 標籤的 HTML 儲存格，如下所示：

```
row _ idx = 1
For i = 0 To tr.Length - 1
    Set td = tr.Item(i).querySelectorAll("td")     ' <td>
    For j = 0 To td.Length - 1
        ws.Cells(row _ idx, j + 1) = td.Item(j).innerText
    Next j
```

```
    row _ idx = row _ idx + 1
Next i
...
```

上述外層 For/Next 迴圈在使用 Item() 方法取得 \<tr\> 標籤物件後，呼叫 querySelectorAll() 方法來取得之下所有 \<td\> 儲存格標籤，即可使用內層 For/Next 迴圈來走訪 \<td\> 標籤的儲存格，然後依序在 Excel 儲存格填入 innerText 屬性值的標籤內容。

請啟動 Excel 開啟 ch8-4-2.xlsm，按清除鈕清除儲存格內容後，按取得表格資料鈕，可以在儲存格顯示從網頁擷取的 HTML 表格資料，如下圖所示：

	A	B	C	D	E
1	公司	聯絡人	國家	營業額	
2	USA one company	Tom Lee	USA	3,000	
3	Centro com	Francisco (	China	5,000	
4	Internation:	Roland Me	Austria	6,000	
5	Island Trading	Helen Benr	UK	3,000	
6	Laughing F	Yoshi Tanr	Canada	4,000	
7	Magazzini	Giovanni F	Italy	8,000	
8					
9		取得表格資料		清除	
10					
11					

8-5 ChatGPT 應用：爬取 Bootstrap 相簿網頁的照片資訊

在第 6-6 節我們已經使用 ChatGPT 幫助我們分析 Bootstrap 相簿網頁的標籤結構（這是一種非 <table> 標籤的 HTML 表格），這一節我們準備使用 ChatGPT 建立 Excel VBA 爬蟲程式，可以爬取照片資料來寫入 Excel 工作表。

因為我們是使用 CSS 選擇器來擷取資料，Excel VBA 爬蟲程式在使用 Internet Explorer 物件取得 HTMLDocument 物件後，即可使用 CSS 選擇器來一層一層爬取 <div> 標籤的表格資料。首先使用 CSS 選擇器字串取得 <div> 父標籤，如下所示：

```
body > main > div > div > div
```

然後使用 CSS 選擇器取得下一層每筆記錄的 <div> 子標籤，如下所示：

```
div.col-md-4
```

最後，使用 For/Next 迴圈走訪每一筆記錄的 <div> 標籤後，再一一使用 CSS 選擇器取出每一筆記錄的欄位資料，如下表所示：

目標資料	CSS 選擇器
照片	.card-img-top
描述文字	.card-text
贊助金額	.price
瀏覽數	.text-muted

現在，我們可以詢問 ChatGPT 幫助我們寫出 Excel VBA 爬蟲程式，其詳細的問題和功能描述（ch8-5.txt），如下所示：

Q 晚期繫結（Late Binding）是使用CreateObject()函數來建立物件，如下所示：

Dim IE As Object
Set IE = CreateObject("InternetExplorer.Application")

早期繫結（Early Binding）是如同使用內建型別來建立物件，如下所示：

Dim IE As New InternetExplorer

請建立一個Excel VBA程序GetTableData()，並且加上繁體中文的註解文字，使用晚期繫結建立Internet Explorer物件取得URL網址https://fchart.github.io/test/album.html的照片資訊，來寫入Excel工作表"工作表1"，如下所示：

step1:在取得回應內容後，使用querySelector()方法取得單一父<div>HTML標籤的IHTMLElement物件photoDiv，CSS選擇器如下所示：

body > main > div > div > div

step2:然後使用querySelectorAll()方法取得<div>父標籤下一層所有<div>記錄標籤IHTMLDOMChildrenCollection物件recordDivs，CSS選擇器如下所示：

div.col-md-4

step3:接著在Excel工作表寫入標題列"照片"、"描述文字"、"贊助金額"和"瀏覽數"。

step4:使用For/Next迴圈走訪每一筆<div>記錄標籤，和使用recordDivs.Item(i).querySelector()方法，以下列CSS選擇器來取出記錄的各欄位資料來寫入Excel工作表，如下所示：

1. 照片：取出.card-img-top的src屬性值。
2. 描述文字：.card-text。
3. 贊助金額：.price。
4. 瀏覽數：.text-muted。

```vba
Sub GetTableData()
    Dim IE As Object
    Dim doc As Object
    Dim photoDiv As Object
    Dim recordDivs As Object
    Dim i As Integer
    Dim photo As String
    Dim description As String
    Dim price As String
    Dim views As String

    ' 建立 Internet Explorer 物件
    Set IE = CreateObject("InternetExplorer.Application")

    ' 設定網頁連結
    IE.Navigate "https://fchart.github.io/test/album.html"

    ' 等待網頁載入完成
    Do While IE.Busy Or IE.ReadyState <> 4
        DoEvents
    Loop

    ' 取得網頁文件物件
    Set doc = IE.Document

    ' 使用 CSS 選擇器取得單一父<div>HTML標籤的IHTMLElement物件
    Set photoDiv = doc.querySelector("body > main > div > div > div")

    ' 使用 CSS 選擇器取得<div>父標籤下一層所有<div>記錄標籤的IHTMLDOMChildrenColle
    Set recordDivs = photoDiv.querySelectorAll("div.col-md-4")

    ' 在 Excel 工作表寫入標題列
    Sheets("工作表1").Range("A1").Value = "照片"
    Sheets("工作表1").Range("B1").Value = "描述文字"
    Sheets("工作表1").Range("C1").Value = "贊助金額"
    Sheets("工作表1").Range("D1").Value = "瀏覽數"

    ' 使用 For/Next 迴圈走訪每一筆<div>記錄標籤
    For i = 0 To recordDivs.Length - 1
        ' 取得照片的 URL
        photo = recordDivs.Item(i).querySelector(".card-img-top").getAttribu
```

```
        ' 取得描述文字
        description = recordDivs.Item(i).querySelector(".card-text").innerTe

        ' 取得贊助金額
        price = recordDivs.Item(i).querySelector(".price").innerText

        ' 取得瀏覽數
        views = recordDivs.Item(i).querySelector(".text-muted").innerText

        ' 在 Excel 工作表寫入資料
        Sheets("工作表1").Range("A" & i + 2).Value = photo
        Sheets("工作表1").Range("B" & i + 2).Value = description
        Sheets("工作表1").Range("C" & i + 2).Value = price
        Sheets("工作表1").Range("D" & i + 2).Value = views
    Next i

    ' 關閉 Internet Explorer
    IE.Quit

    ' 釋放物件記憶體
    Set IE = Nothing
    Set doc = Nothing
    Set photoDiv = Nothing
    Set recordDivs = Nothing
End Sub
```

上述 ChatGPT 寫出的 VBA 程式碼是使用 Internet Explorer 物件取得 HTML 網頁內容，然後依序呼叫 querySelector() 和 querySelectorAll() 方法來取出每一筆記錄的 <div> 標籤，如下所示：

```
Set photoDiv = doc.querySelector("body > main > div > div > div")
Set recordDivs = photoDiv.querySelectorAll("div.col-md-4")
```

接著使用 For/Next 迴圈走訪每一筆 <div> 記錄標籤來取得 4 個欄位資料（請注意！經測試只能使用 For/Next 迴圈，透過 Item() 方法來呼叫 querySelector() 方法；如果使用 For Each 迴圈走訪 <div> 記錄標籤，執行結果常常會有不明原因的 IE 當機），如下所示：

```
For i = 0 To recordDivs.Length - 1
    photo = recordDivs.Item(i).querySelector( _
                    ".card-img-top").getAttribute("src")
    description = recordDivs.Item(i).querySelector(".card-text").innerText
    price = recordDivs.Item(i).querySelector(".price").innerText
    views = recordDivs.Item(i).querySelector(".text-muted").innerText
    ' 在 Excel 工作表寫入資料
    Sheets("工作表1").Range("A" & i + 2).Value = photo
    Sheets("工作表1").Range("B" & i + 2).Value = description
    Sheets("工作表1").Range("C" & i + 2).Value = price
    Sheets("工作表1").Range("D" & i + 2).Value = views
Next i
```

上述程式碼呼叫 getAttribute() 方法來取得 <img> 標籤的 src 屬性值，使用 innerText 屬性取得標籤內容。請點選程式框右上方 Copy code 複製程式碼至剪貼簿，然後貼上且儲存建立成 Excel 檔案 ch8-5_gpt.xlsm 檔案。

請按清除鈕清除儲存格內容後，按取得照片資料鈕，可以在儲存格顯示從 HTML 網頁擷取的照片資訊，如下圖所示：

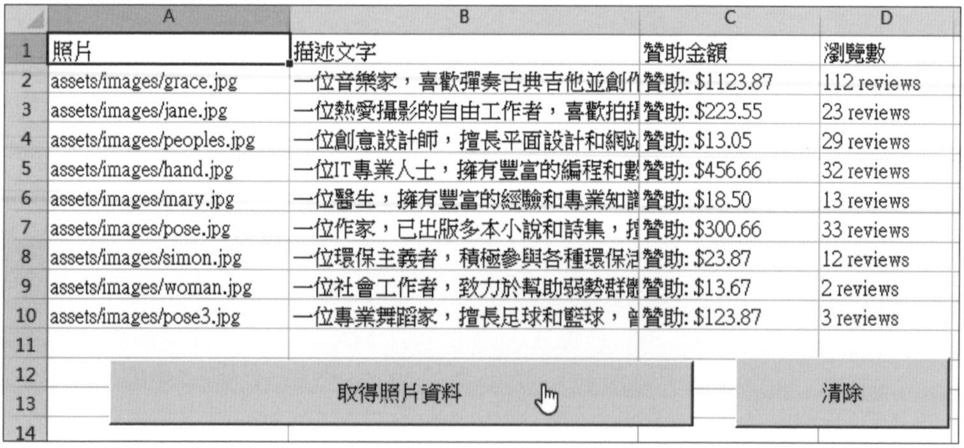

	A	B	C	D
1	照片	描述文字	贊助金額	瀏覽數
2	assets/images/grace.jpg	一位音樂家，喜歡彈奏古典吉他並創作	贊助: $1123.87	112 reviews
3	assets/images/jane.jpg	一位熱愛攝影的自由工作者，喜歡拍攝	贊助: $223.55	23 reviews
4	assets/images/peoples.jpg	一位創意設計師，擅長平面設計和網頁	贊助: $13.05	29 reviews
5	assets/images/hand.jpg	一位IT專業人士，擁有豐富的編程和數	贊助: $456.66	32 reviews
6	assets/images/mary.jpg	一位醫生，擁有豐富的經驗和專業知識	贊助: $18.50	13 reviews
7	assets/images/pose.jpg	一位作家，已出版多本小說和詩集，擅	贊助: $300.66	33 reviews
8	assets/images/simon.jpg	一位環保主義者，積極參與各種環保活	贊助: $23.87	12 reviews
9	assets/images/woman.jpg	一位社會工作者，致力於幫助弱勢群體	贊助: $13.67	2 reviews
10	assets/images/pose3.jpg	一位專業舞蹈家，擅長足球和籃球，會	贊助: $123.87	3 reviews
11				
12				
13	取得照片資料		清除	
14				

① 請簡單說明什麼是 DOM 物件模型?

② 請舉例說明 Excel VBA 如何取得 HTML 網頁的 DOM 物件模型?

③ 請說明 Excel VBA 如何使用 DOM 方法來擷取資料? 如何使用 CSS 選擇器來擷取資料?

④ 請問 Excel VBA 如何使用 CSS 選擇器來爬取 HTML 清單和表格資料?

⑤ 請分別使用 XMLHttpRequest 和 Internet Explorer 物件建立 Excel VBA 爬蟲程式,可以爬取第 7-1 節 https://fchart.github.io/test/sales.html 的 2 個 HTML 表格標籤。

⑥ 請參考第 6-6 節和第 8-5 節的 ChatGPT 應用,可以使用 ChatGPT 建立 Excel VBA 爬蟲程式,爬取 https://fchart.github.io/test/pricing.html 的 3 種收費方案。

MEMO

CHAPTER

9

用 Excel VBA 爬取 AJAX 網頁與 JSON 資料處理

9-1 AJAX、JSON 與 Web API 的基礎

AJAX 是 Asynchronous JavaScript And XML 的縮寫，即非同步 JavaScript 和 XML 技術，AJAX 可以讓 Web 應用程式在瀏覽器建立出更人性化的使用介面。

9-1-1 AJAX 應用程式架構

AJAX 的技術核心是非同步 HTTP 請求（Asynchronous HTTP Requests），可以讓 HTTP 請求不用等待伺服端的回應，就可以讓使用者執行其他互動操作，例如：更改購物車購買的商品數量後，不需等待重新載入網頁，就可以接著輸入送貨的相關資訊。

AJAX 應用程式架構是在客戶端使用 JavaScript 的 AJAX 引擎來處理 HTTP 請求，和取得伺服端回應的文字、HTML、XML 或 JSON 資料（伺服端網頁技術產生），如下圖所示：

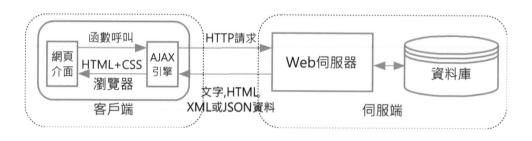

上述圖例的瀏覽器一旦顯示網頁的使用介面後，所有使用者互動所需的 HTTP 請求都是透過 AJAX 引擎送出，並且在取得回應資料後，只會更新網頁使用介面的部分內容，而不用重新載入整頁網頁。

因為 HTTP 請求都是在背景處理，所以不會影響網頁介面的顯示，使用者不再需要等待伺服端的回應，就可以進行相關互動，可以大幅改進使用介面，建立更快速回應、更佳和容易使用的 Web 使用介面。

我們可以詢問 ChatGPT 什麼是 AJAX，其詳細的問題描述（ch9-1-1. txt），如下所示：

 你是一位資訊專家，請使用繁體中文說明什麼是AJAX？

9-1-2 認識 JSON

JSON 是由 Douglas Crockford 創造的一種輕量化資料交換格式，因為比 XML 來的快速且簡單，JSON 資料結構就是 JavaScript 物件文字表示法，不論是 JavaScript 語言或其他程式語言都可以輕易解讀，這是一種和語言無關的資料交換格式。

JSON 是一種可以自我描述和容易了解的資料交換格式，使用大括號定義成對的鍵和值（Key-value Pairs），相當於物件的屬性和值，類似 Python 語言的字典和串列，如下所示：

```
{
    "key1": "value1",
    "key2": "value2",
    "key3": "value3",
    ...
}
```

JSON 如果是物件陣列，每一個物件是一筆記錄，我們可以使用方括號「[ ]」來定義多筆記錄，如同是一個表格資料，如下圖所示：

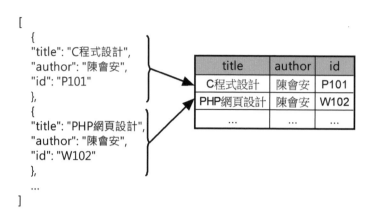

我們可以詢問 ChatGPT 什麼是 JSON，其詳細的問題描述（ch9-1-2.txt），如下所示：

> **Q** 你是一位資訊專家，請使用繁體中文說明什麼是JSON？

9-1-3 認識 Web API 與 Open Data

Open Data 開放資料就是可以開放給社會大眾免費且自由使用的資料。一般來說，取得 Open Data 都是使用 Web API（Web Application Programming Interface）。

Web API 是一種標準方法透過 Internet 網際網路來執行其他系統提供的功能，這是使用 HTTP 請求來執行其他系統提供的 Web API 方法，如同在瀏覽器輸入 URL 網址來瀏覽網頁。很多公開的 Web API 可以直接在瀏覽器執行來取得網路資料，回應資料大多是 JSON 格式的資料。目前的 Web API 主要可以分為兩種，如下所示：

◆ 公開 API（Public/Open API）：任何人不需註冊帳號就可以使用的 Web API。

◆ 認證 API（Authenticated API）：需要先註冊帳號後才能使用的 Web API。

上述帳號可能需付費或免費註冊，在註冊後，可以得到 API 金鑰（API Key），執行 Web API 時，我們需要提供 API 金鑰的認證資料。我們可以詢問 ChatGPT 什麼是 Web API 和 Open Data，其詳細的問題描述（ch9-1-3. txt），如下所示：

Q 你是一位資訊專家，請使用繁體中文說明什麼是 Web API 和 Open Data？

 當然，很高興向您解釋什麼是 Web API 和 Open Data。

Web API 是「網路應用程式介面」（Application Programming Interface）的縮寫，它是一種允許不同應用程式之間進行通信和互動的技術。透過 Web API，不同的軟體系統可以彼此連接，並且共享資料和功能，這樣的通訊方式通常是使用 HTTP 協定。簡單來說，Web API 可視為兩個應用程式之間的橋樑，使它們能夠交換資訊，進行請求和回應，以完成特定的任務。

例如，社群媒體網站可能提供 Web API 給開發人員，讓他們能夠存取該網站的用戶資料、發佈貼文或進行特定的操作。而許多網上支付平台的 Web API 也讓商家的網站能夠與該支付系統連接，實現在網站上進行付款的功能。

另一方面，Open Data 指的是「開放資料」，這是指由政府、機構、或組織所提供的資料，可以被任何人免費使用、重製、轉發、分析和分享的資料。這些資料通常以機讀格式（例如 CSV、JSON 或 XML）提供，以便機器能夠更容易地處理和應用。

開放資料的目的是促進透明度、可追溯性和創新。它們可以被用於學術研究、商業分析、公共政策制定等各種領域。許多政府機構、學術機構和非營利組織都致力於提供開放資料，以促進社會進步和經濟增長。

9-2 使用 Chrome 分析和測試 AJAX 請求

Google Chrome 開發人員工具支援網路流量擷取，可以幫助我們取得客戶端和伺服端之間 AJAX 請求交換的資料，也就是說，找出目標資料所在的 AJAX 請求是哪一種 HTTP 請求，其步驟如下所示：

Step 1 請使用 Chrome 瀏覽器進入 https://fchart.github.io/books.html，可以看到 4 本圖書的清單，如下圖所示：

Step 2 點選 Quick JavaScript Switcher 擴充功能圖示關閉執行 JavaScript，圖書清單就會不見，表示圖書資料是 AJAX 技術產生的網頁內容。

Step 3 請再次點選 Quick JavaScript Switcher 擴充功能圖示切換執行 JavaScript，即可看到圖書清單，請按 F12 鍵切換至開發人員工具。

Step 4 選 Network 標籤，按 `F5` 鍵重新載入網頁來擷取網路流量，預設是在 All 標籤顯示擷取到的完整清單，包含名稱、狀態和類型等資訊，此例共有 4 個 HTTP 請求，如下圖所示：

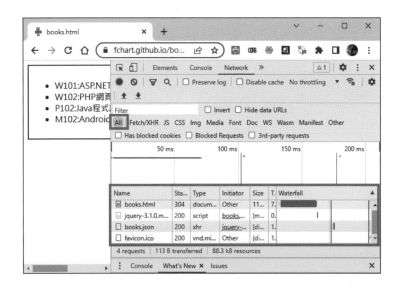

Step 5 請選 Fetch/XHR 只顯示 AJAX 請求，可以看到只剩下一個 books. json 項目（Doc 標籤是 document 類型的 HTTP 請求，這些是取得 HTML 網頁的 HTTP 請求），如下圖所示：

Step **6** 點選 books.json 進一步檢視 HTTP 標頭資訊，選 Headers 標籤，可以看到這是 GET 方法的請求，如下圖所示：

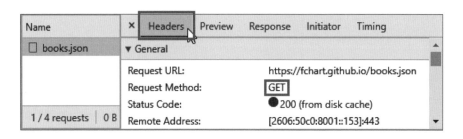

Step **7** 選 Response 標籤，可以看到回傳的 JSON 字串內容，顯示這 4 本圖書的 JSON 資料。

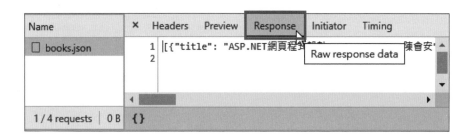

從上述 Response 標籤的內容可以看出網頁內容是在瀏覽器載入網頁後，才在背景使用 JavaScript 程式碼送出 HTTP 請求來取得 JSON 資料，所以 HTTP 請求是位在 Fetch/XHR 標籤。

Step **8** 當回應內容很長時，可按 Ctrl + F 鍵搜尋資料，例如：在下方欄位輸入 Java，按 Enter 鍵，可以搜尋到此筆 JSON 物件，如下圖所示：

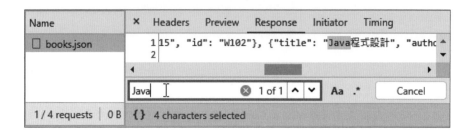

Step 9 選 Preview 標籤，可以看到階層方式顯示的 JSON 資料，點選前方小箭頭，可以展開 JSON 資料，如下圖所示：

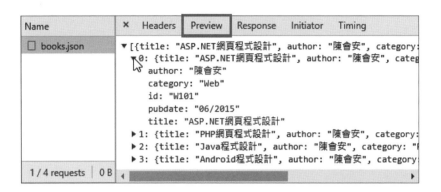

Step 10 在 Fetch/XHR 項目上 (books.json)，執行右鍵快顯功能表的 Copy/Copy link address 命令，將 Web API 的 URL 網址複製至剪貼簿。

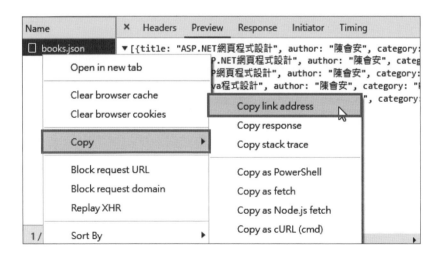

上述命令可以取得 URL 網址：https://fchart.github.io/books.json，因為是 GET 方法，可以直接貼到瀏覽器的網址列，測試和顯示 HTTP 請求的回應資料，如下圖所示：

上述 JSON 資料編排的階層結構並不清楚，請複製上述網頁內容的 JSON 資料至 https://jsoneditoronline.org/ 的 JSON Editor，如下圖所示：

上述圖例是將 JSON 資料複製至左邊框，按 Transform 的 > 鈕，再按 Transform 鈕，即可轉換成右邊框的階層結構，每一本圖書是一個 JSON 物件的陣列元素，可以摺疊或展開每一本圖書。

9-3 使用 Excel VBA 處理 JSON 資料

Excel VBA 並沒有內建 JSON 資料處理，我們需要自行匯入 VBA-JSON 函式庫來處理 JSON 資料。請詢問 ChatGPT 如何使用 Excel VBA 來處理 JSON 資料，其詳細的問題描述（ch9-3.txt），如下所示：

> **Q** 你是一位資訊專家，請使用繁體中文說明Excel VBA程式如何使用VBA-JSON函式庫來處理JSON資料？

9-3-1 下載和設定 VBA-JSON 函式庫

Excel VBA 可以使用 VBA-JSON 函式庫來處理 JSON 資料，正確地說，就是剖析 JSON 資料成為 Dictionary 字典物件。

☆ 下載 VBA-JSON 函式庫

VBA-JSON 函式庫的 GitHub 官方下載網址，如下所示：

◆ https://github.com/VBA-tools/VBA-JSON/releases

請點選 Source code (zip) 超連結下載 VBA-JSON 函式庫，然後解壓縮檔案，我們需要的是 JsonConverter.bas 模組檔案。

☆ 匯入和設定 VBA-JSON 函式庫

當成功下載 JsonConverter.bas 模組檔案後，就可以在 Excel 匯入和設定 VBA-JSON 函式庫，其步驟如下所示：

Step **1** 請啟動 Excel 新增空白活頁簿後，按 Alt + F11 鍵開啟 VBA 編輯器，執行檔案 / 匯入檔案命令，切換路徑至 JsonConverter.bas 檔案，在選擇後，按開啟鈕在專案匯入檔案。

Step **2** 在專案視窗的模組下可以看到匯入的檔案。

Step 3 然後設定引用項目，請執行**工具 / 設定引用項目**命令，在**設定引用項目**對話方塊，找到和勾選 Microsoft Scripting Runtime，按**確定**鈕完成匯入模組和設定。

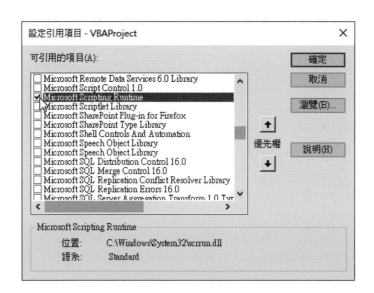

9-3-2 使用 VBA-JSON 函式庫處理 JSON 資料

當成功在 Excel VBA 專案設定好 VBA-JSON 函式庫後，我們就可以使用模組提供的函數來處理 JSON 資料，其簡單說明如下表所示：

函數	說明
ParseJson(String)	將參數 JSON 字串剖析成 Dictionary/Collection 物件後，就可以使用 JSON 的鍵來取出值
ConvertToJson(Variant, Variant)	將第 1 個參數的 Dictionary/Collection 物件轉換成 JSON 字串，第 2 個參數指定縮排的空白字元數

　　我們準備使用 XMLHttpRequest 物件送出第 9-2 節找出的 AJAX 請求，其回應的 JSON 字串是一個 JSON 陣列，內含 4 本圖書的 JSON 物件，如下圖所示：

　　上述 JSON 資料在轉換成 Dictionary/Collection 物件後，整份文件是一個 Collection 集合物件，每一本圖書是一個 Dictionary 物件，然後就可以一一填入 Excel 儲存格來建立成表格。Excel VBA 程式首先宣告從 JSON 字串轉換成 JSON 物件的 JSON 變數，如下所示：

```
Dim xmlhttp As New MSXML2.XMLHTTP60
Dim JSON As Object
Dim i As Integer

myurl = "https://fchart.github.io/books.json"
xmlhttp.Open "GET", myurl, False
xmlhttp.Send
```

```
If xmlhttp.Status = 200 Then
    Set JSON = ParseJson(xmlhttp.responseText)
```

上述程式碼呼叫 ParseJson() 函數將回應的 JSON 字串轉換成 Dictionary 物件的 Collection 集合物件。在下方使用 For Each/Next 迴圈從第 2 列開始（變數 i=2），每次取出一個 Dictionary 物件 Book，然後使用 Book(" 鍵 ") 的鍵索引來取出值，可以依序取出 id、title、author、category 和 pubdate 鍵的值，即表格的每一列，如下所示：

```
i = 2
For Each Book In JSON
    Sheets(1).Cells(i, 1).Value = Book("id")
    Sheets(1).Cells(i, 2).Value = Book("title")
    Sheets(1).Cells(i, 3).Value = Book("author")
    Sheets(1).Cells(i, 4).Value = Book("category")
    Sheets(1).Cells(i, 5).Value = Book("pubdate")
    i = i + 1
  Next Book
End If
Set JSON = Nothing
Set xmlhttp = Nothing
```

請啟動 Excel 開啟 ch9-3-2.xlsm，按清除鈕清除儲存格內容後，按匯入鈕，可以在儲存格顯示從 JSON 資料轉換成的表格資料，如下圖所示：

	A	B	C	D	E
1	書號	書名	作者	分類	出版日
2	W101	ASP.NET網頁程式設計	陳會安	Web	Jun-15
3	W102	PHP網頁程式設計	陳會安	Web	Jul-15
4	P102	Java程式設計	陳會安	Programming	Nov-15
5	M102	Android程式設計	陳會安	Mobile	Jul-15

☆ 將 JSON 資料儲存成本機 JSON 檔案　　　`ch9-3-2a.xlsm`

如果需要，我們可以使用 Open() 函數將回應的 responseText 屬性值的 JSON 字串儲存成本機 JSON 檔案 json_books.json（同樣方式，可以儲存回應的 CSV 字串成為 CSV 檔案），如下所示：

```
...
Dim jsonFile As String

jsonFile = Application.ActiveWorkbook.Path & "\json _ books.json"

Open jsonFile For Output As #1
Print #1, xmlhttp.responseText
Close #1
...
```

上述程式碼宣告 JSON 檔名字串後，使用 Application.ActiveWorkbook.Path 取得 Excel 檔案目錄，即可建立 JSON 檔案 "json_books.json" 的路徑字串，然後呼叫 Open() 函數開啟檔案，將回應的 responseText 屬性值寫入檔案後，關閉檔案。

請啟動 Excel 開啟 ch9-3-2a.xlsm，按清除鈕清除儲存格內容後，按匯入鈕，除了在儲存格顯示轉換的表格資料外，在 Excel 檔案的相同目錄，可以看到本機 JSON 檔案，如右圖所示：

☆ 從 JSON 檔案匯入 Excel　　　`ch9_3_2b.xlsm`

反過來，我們可以將 JSON 檔案 "json_books.json" 匯入 Excel 工作表，首先宣告 FileSystemObject 和 TextStream 物件的變數，和取得位在相同目錄的 JSON 檔案名稱字串，如下所示：

```
Dim FSO As New FileSystemObject
Dim TS As TextStream
Dim JSON As Object
```

```
Dim jsonText As String
Dim jsonFile As String
Dim i As Integer

jsonFile = Application.ActiveWorkbook.Path & "\json _ books.json"

Set TS = FSO.OpenTextFile(jsonFile, ForReading)

jsonText = TS.ReadAll

TS.Close
```

　　上述程式碼呼叫 OpenTextFile() 方法開啟檔案後，使用 ReadAll()
方法讀取整個檔案內容，即可呼叫 Close() 方法關閉檔案。在下方呼叫
ParseJson() 函數將讀取的 JSON 字串 jsonText 轉換成 Dictionary 物件的
Collection 集合物件，如下所示：

```
Set JSON = ParseJson(jsonText)
i = 2
For Each Item In JSON
    Sheets(1).Cells(i, 1).Value = Item("id")
    Sheets(1).Cells(i, 2).Value = Item("title")
    Sheets(1).Cells(i, 3).Value = Item("author")
    Sheets(1).Cells(i, 4).Value = Item("category")
    Sheets(1).Cells(i, 5).Value = Item("pubdate")
    i = i + 1
Next Item
...
```

　　上述 For Each/Next 迴圈是從第 2 列開始（變數 i=2），每次取出一個
Dictionary 物件 Item，然後使用 Item(" 鍵 ") 取出值，可以依序取出 id、
title、author、category 和 pubdate 鍵的值，即表格的每一列。

　　請啟動 Excel 開啟 ch9-3-2b.xlsm，按清除鈕清除儲存格內容後，按匯
入鈕，可以在儲存格顯示從本機 JSON 檔案轉換成的表格資料，如下圖所示：

	A	B	C	D	E
1	書號	書名	作者	分類	出版日
2	W101	ASP.NET網頁程式設計	陳會安	Web	Jun-15
3	W102	PHP網頁程式設計	陳會安	Web	Jul-15
4	P102	Java程式設計	陳會安	Programming	Nov-15
5	M102	Android程式設計	陳會安	Mobile	Jul-15

☆ 將 Excel 工作表匯出成 JSON 檔案 `ch9-3-2c.xlsm`

對於 Excel 工作表的表格資料，我們可以將每一列轉換成 Dictionary 物件，多個表格列是 Collection 集合物件，然後將轉換的 JSON 資料匯出成 JSON 檔案。

本節 Excel 檔案是修改 ch8-4-2.xlsm，新增匯出成 JSON 檔案鈕，可以將 Excel 工作表的表格資料匯出成 JSON 檔案，其事件處理程序是按鈕 3_ Click()，如下所示：

```
Dim table As Range
Dim JSONItems As New Collection
Dim Item As New Dictionary
Dim cell As Variant
Dim jsonFile As String
Dim jsonText As String


Set table = Range("A2:A7")
```

上述程式碼建立表格範圍的 Range 物件，其範圍是 "A2:A7"，不含表格第 1 列的標題列。

在下方的 For Each/Next 迴圈將每一列建立成 Dictionary 物件後，從第 1 欄開始，依序新增每一欄位至 Dictionary 物件 Item()，其索引值是鍵，Offset() 移至下一欄，如下所示：

```
For Each cell In table
    Item("company") = cell.Value
    Item("contact") = cell.Offset(0, 1).Value
    Item("country") = cell.Offset(0, 2).Value
```

```
    Item("sales") = cell.Offset(0, 3).Value

    JSONItems.Add Item

    Set Item = Nothing
Next cell
```

上述程式碼呼叫 Add() 新增至 Collection 集合物件後，重設 Item 物件為 Nothing。在下方呼叫 ConvertToJson() 函數將 Collection 集合物件轉換成 JSON 字串，參數 Whitespace:=3 是縮排 3 個空白字元，如下所示：

```
jsonText = ConvertToJson(JSONItems, Whitespace:=3)

jsonFile = Application.ActiveWorkbook.Path & "\company.json"

Open jsonFile For Output As #1
Print #1, jsonText
Close #1
...
```

上述程式碼在指定檔案路徑後，呼叫 Open() 函數開啟檔案後，將 jsonText 的 JSON 資料寫入檔案後，關閉檔案。

請啟動 Excel 開啟 ch9-3-2c.xlsm，按清除鈕清除儲存格內容後，按測試鈕顯示從網頁擷取的 HTML 表格資料，最後按匯出成 JSON 檔案鈕，可以匯出 Excel 儲存格資料成為 company.json 檔案，如下圖所示：

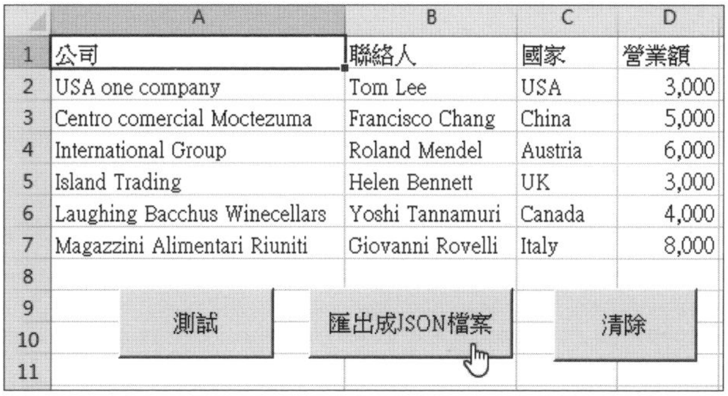

	A	B	C	D
1	公司	聯絡人	國家	營業額
2	USA one company	Tom Lee	USA	3,000
3	Centro comercial Moctezuma	Francisco Chang	China	5,000
4	International Group	Roland Mendel	Austria	6,000
5	Island Trading	Helen Bennett	UK	3,000
6	Laughing Bacchus Winecellars	Yoshi Tannamuri	Canada	4,000
7	Magazzini Alimentari Riuniti	Giovanni Rovelli	Italy	8,000
8				
9	測試	匯出成JSON檔案		清除
10				
11				

國家發展委員會的景氣指標查詢系統可以查詢景氣信號分數，其 URL 網址如下所示：

◆ https://index.ndc.gov.tw/n/zh_tw

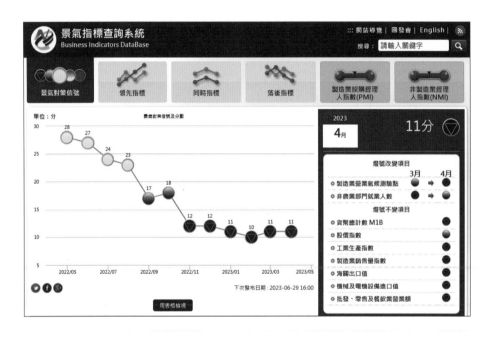

上述圖表是景氣對策信號及分數，繪出的是每月的分數。請使用 Quick JavaScript Switcher 擴充功能關閉執行 JavaScript，可以看到圖表不見了，因為圖表是使用 JavaScript 程式碼繪出的圖表。

☆ 步驟一：使用 Chrome 開發人員工具分析 AJAX 請求

請點選 Quick JavaScript Switcher 擴充功能圖示切換執行 JavaScript，然後使用 Chrome 開發人員工具分析 AJAX 請求，其步驟如下所示：

Step **1** 在 Chrome 按 F12 鍵切換至開發人員工具，選 Network 標籤後，按 F5 鍵重新載入網頁，選 Fetch/XHR 只顯示 AJAX 請求，如下圖所示：

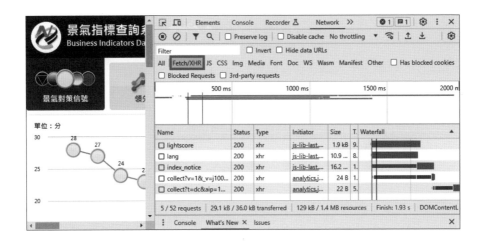

Step **2** 點選第 1 個 lightscore 項目，再選 Response 標籤，可以看到回傳的 JSON 資料，line 鍵的 JSON 陣列就是每月景氣對策信號分數，如下圖所示：

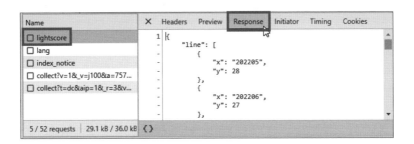

Step **3** 選 Header 標籤檢視 HTTP 標頭資訊，可以看到是 POST 請求，如下圖所示：

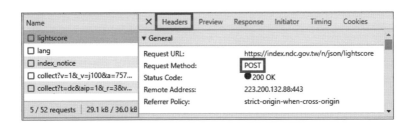

請在 Fetch/XHR 項目上 (lightscore)，執行**右**鍵快顯功能表的 Copy/ Copy link address 命令，將 AJAX 請求的 URL 網址複製至剪貼簿，如下所示：

```
https://index.ndc.gov.tw/n/json/lightscore
```

☆ 步驟二：測試 POST 方法的 AJAX 請求

因為是 POST 方法，我們無法直接使用瀏覽器來測試，請使用第 10-2 節的 RestMan 擴充功能來測試 POST 方法的 AJAX 請求。請選 POST 方法，在之後輸入 https://index.ndc.gov.tw/n/json/lightscore，按箭頭鈕送出 HTTP 請求，如下圖所示：

請捲動視窗，可以看到回應的 JSON 資料，如右圖所示：

```
1  {
2      "line": [
3          {
4              "x": "202205",
5              "y": 28
6          },
7          {
8              "x": "202206",
9              "y": 27
10         },
11         {
12             "x": "202207",
13             "y": 24
14         },
15         {
16             "x": "202208",
17             "y": 23
18         },
19         {
20             "x": "202209",
21             "y": 17
22         },
23         {
24             "x": "202210",
25             "y": 18
26         },
27         {
```

上述 line 鍵的值是每月的景氣對策信號分數的 JSON 陣列（VBA-JSON 函式庫會剖析成集合物件），每一個月是一個 JSON 物件，x 鍵是年 / 月；y 是分數，如下所示：

```
{
    "x": "201809",
    "y": 22
}
```

☆ 步驟三：建立 Excel VBA 爬蟲程式爬取 AJAX 請求的資料

我們可以詢問 ChatGPT 寫出爬取 JSON 資料 VBA 程序，來取出各月份的景氣信號分數。其詳細的問題和功能描述（ch9-4.txt），如下所示：

> **Q** 晚期繫結（Late Binding）是使用CreateObject()函數來建立物件，如下所示：
>
> Dim xmlhttp As Object
> Set xmlhttp = CreateObject("MSXML2.XMLHTTP.6.0")
> 早期繫結（Early Binding）是如同使用內建型別來建立物件，如下所示：
> Dim xmlhttp As New MSXML2.XMLHTTP60
>
> 請建立Excel VBA程序GetScores()，並且加上繁體中文的註解文字，使用早期繫結建立MSXML2.XMLHTTP60物件，使用POST方法從Web API的URL網址https://index.ndc.gov.tw/n/json/lightscore下載JSON資料，然後使用VBA-JSON函式庫剖析此JSON資料，請取出"line"鍵的集合物件後，一一取出每一個物件"x"鍵的月份，和"y"鍵的信號分數，然後從"A2"和"B2"儲存格開始，依序寫入Excel工作表"工作表1"的儲存格，A欄是月份；B欄是信號分數。

```vba
Sub GetScores()
    ' 引用 Microsoft XML, v6.0 函式庫

    Dim xmlhttp As New MSXML2.XMLHTTP60
    Dim url As String
    Dim jsonData As String
    Dim jsonObject As Object
    Dim lineItems As Object
    Dim item As Object
    Dim rowIndex As Integer

    ' 設定要下載的 URL
    url = "https://index.ndc.gov.tw/n/json/lightscore"

    ' 使用 POST 方法從 Web API 取得 JSON 資料
    xmlhttp.Open "POST", url, False
    xmlhttp.Send

    ' 將回傳的 JSON 資料存入變數
    jsonData = xmlhttp.responseText

    ' 使用 VBA-JSON 函式庫剖析 JSON 資料
    Set jsonObject = JsonConverter.ParseJson(jsonData)

    ' 取得 "line" 鍵的集合物件
    Set lineItems = jsonObject("line")

    ' 從儲存格 A2 開始，依序寫入月份和信號分數
    rowIndex = 2 ' 開始寫入的行數
    For Each item In lineItems
        ' 取得月份和信號分數
        Dim month As String
        Dim score As Double
        month = item("x")
        score = item("y")

        ' 寫入 Excel 工作表的儲存格
        Worksheets("工作表1").Range("A" & rowIndex).Value = month
        Worksheets("工作表1").Range("B" & rowIndex).Value = score

        ' 增加行數
        rowIndex = rowIndex + 1
    Next item

    ' 釋放物件記憶體
    Set lineItems = Nothing
    Set jsonObject = Nothing
    Set xmlhttp = Nothing

    MsgBox "資料已下載並寫入工作表1。"
End Sub
```

　　上 述 ChatGPT 寫 出 的 VBA 程 式 碼 在 送 出 POST 請 求 後，呼 叫 ParseJson() 函數將回應的 JSON 字串轉換成 Dictionary 物件的 Collection 物件，然後使用 "line" 鍵取得 JSON 物件的集合物件，如下所示：

```
Set jsonObject = JsonConverter.ParseJson(jsonData)
Set lineItems = jsonObject("line")
```

　　然後在下方使用 For　Each/Next 迴圈從第 2 列開始（變數 rowIndex=2），每次取出一個 item 物件後，使用 item(" 鍵 ") 的鍵來取出值，可以依序取出 x 和 y 鍵的值，如下所示：

```
rowIndex = 2
For Each item In lineItems
    Dim month As String
    Dim score As Double
    month = item("x")
    score = item("y")
    Worksheets("工作表1").Range("A" & rowIndex).Value = month
    Worksheets("工作表1").Range("B" & rowIndex).Value = score
    rowIndex = rowIndex + 1
Next item
```

　　請啟動 Excel 開啟 ch9-4_gpt.xlsm，按清除鈕清除儲存格內容後，按爬取鈕，可以在儲存格顯示從 JSON 資料轉換成的表格資料，如下圖所示：

9-5 ChatGPT 應用：爬取 Google Books APIs 圖書資料

Google Books APIs 可以查詢圖書資訊，其回傳資料是 JSON 格式的資料，我們準備透過 ChatGPT 的幫助來建立圖書查詢的 Excel VBA 程式。

☆ 使用 Google Books APIs

Google Book APIs 可以讓我們在線上查詢指定條件的圖書資訊，如下所示：

```
https://www.googleapis.com/books/v1/volumes?q=<關鍵字>
&maxResults=3&projection=lite
```

上述網址的 q 參數是關鍵字，maxResults 是最大搜尋筆數，3 是最多 3 筆圖書，最後 1 個參數是取回精簡圖書資料。例如：查詢 GPT4 圖書，如下所示：

◆ https://www.googleapis.com/books/v1/volumes?q=GPT4&maxResults=3&projection=lite

```json
{
  "kind": "books#volumes",
  "totalItems": 266,
  "items": [
    {
      "kind": "books#volume",
      "id": "AY-5zwEACAAJ",
      "etag": "7uNLRTKy0y0",
      "selfLink": "https://www.googleapis.com/books/v1/volumes/AY-5zwEACAAJ",
      "volumeInfo": {
        "title": "The AI Revolution in Medicine",
        "authors": [
          "Peter Lee",
          "Carey Goldberg",
          "Isaac Kohane"
        ],
        "publisher": "Pearson",
        "publishedDate": "2023-04-15",
        "description": "AI is about to transform medicine. Here's what you need to know right
now. ''The development of AI is as fundamental as the creation of the personal computer. It will
change the way people work, learn, and communicate--and transform healthcare. But it must be
managed carefully to ensure its benefits outweigh the risks. I'm encouraged to see this early
```

上述圖例是瀏覽器的顯示結果，可以看出 JSON 資料的結構是一個 JSON 物件，因為 JSON 資料編排的階層結構並不清楚，請複製上述網頁內容的 JSON 資料至 https://jsoneditoronline.org/ 的 JSON Editor，如下圖所示：

上述 "totalItems" 鍵的值是找到的圖書總數，"items" 鍵的值是 JSON 物件陣列，即每一本圖書的 JSON 物件，在 "volumeInfo" 鍵的值是圖書資訊，"title" 鍵值是書名；"authors" 鍵的值是 JSON 陣列的作者清單。

☆ 分析 JSON 資料找出目標資料的鍵路徑

因為圖書資訊是 "volumeInfo" 鍵的 JSON 物件，我們可以詢問 ChatGPT 來找出指定鍵的鍵路徑。其詳細的問題描述（ch9-5.txt），如下：

Q 當剖析JSON資料時，我們可以找出取得指定鍵值的每一層鍵的路徑值，例如：取得"test"鍵的值，可以使用鍵路徑：

"JSON鍵" -> "test"

例如：取得"content"鍵的值，因為有JSON陣列，鍵值就是索引值，其鍵路徑如下：

"JSON鍵" -> 1 -> "content"

請依據上述說明，找出圖書資訊"title"、"authors"、"publisher"和"thumbnail"的鍵路徑"volumeInfo" ->，JSON資料如下：

```
{
  "title": "The AI Revolution in Medicine",
  "authors": [
    "Peter Lee",
    "Carey Goldberg",
    "Isaac Kohane"
  ],
  "publisher": "Pearson",
  "publishedDate": "2023-04-15",
  ...
}
```

 根據提供的JSON資料，以下是圖書資訊"title"、"authors"、"publisher"和"thumbnail"的鍵路徑：

1. "title" 的鍵路徑為："volumeInfo" -> "title"
2. "authors" 的鍵路徑為："volumeInfo" -> "authors"
3. "publisher" 的鍵路徑為："volumeInfo" -> "publisher"
4. "thumbnail" 的鍵路徑為："volumeInfo" -> "imageLinks" -> "thumbnail"

請注意，這些鍵路徑是根據提供的JSON資料的結構進行解析的。

上述作者是 JSON 陣列，取得第 1 位作者的鍵路徑需加上索引，如下所示：

```
"volumeInfo" -> "authors" -> 1
```

☆ 建立 Excel VBA 爬取 Google Book 圖書　　　ch9-5_gpt.xlsm

在取得所需圖書資料的鍵路徑後，就可以詢問 ChatGPT 寫出下載 JSON 資料的 VBA 程序，直接使用鍵路徑來剖析 JSON 資料，取出我們所需的圖書資訊。其詳細的問題和功能描述（ch9-5a.txt），如下所示：

> **Q** 晚期繫結（Late Binding）是使用CreateObject()函數來建立物件，如下所示：
> Dim xmlhttp As Object
> Set xmlhttp = CreateObject("MSXML2.XMLHTTP.6.0")
> 早期繫結（Early Binding）是如同使用內建型態來建立物件，如下所示：
> Dim xmlhttp As New MSXML2.XMLHTTP60
>
> 請建立Excel VBA程序GetBooks()，並且加上繁體中文的註解文字，使用早期繫結建立MSXML2.XMLHTTP60物件，從Web API的URL網址 https://www.googleapis.com/books/v1/volumes?q=GPT4&maxResults=3&projection=lite下載JSON資料，然後使用VBA-JSON函式庫，請取出"items"鍵的集合物件後，一一取出每一個物件，即可使用下列鍵路徑剖析出圖書資料，如下所示：
>
> 1. 書名： "volumeInfo" -> "title"
> 2. 作者： "volumeInfo" -> "authors" -> 1
> 3. 出版商： "volumeInfo" -> "publisher"
> 4. 封面： "volumeInfo" -> "imageLinks" -> "thumbnail"
>
> 然後從"A2~D2"儲存格開始，依序寫入Excel工作表"工作表1"的儲存格，A欄是書名；B欄是作者，以此類推。

```vba
Sub GetBooks()
    ' 引用 Microsoft XML, v6.0 函式庫
    ' (工具 > 參考 > Microsoft XML, v6.0)

    Dim xmlhttp As New MSXML2.XMLHTTP60
    Dim url As String
    Dim json As String
    Dim data As Object
    Dim items As Collection
    Dim item As Object
    Dim row As Long

    ' 設定URL網址
    url = "https://www.googleapis.com/books/v1/volumes?q=GPT4&maxResults=3&p

    ' 發送HTTP請求並獲取回應資料
    xmlhttp.Open "GET", url, False
    xmlhttp.Send
    json = xmlhttp.responseText

    ' 使用VBA-JSON函式庫解析JSON資料
    Set data = JsonConverter.ParseJson(json)

    ' 取得"items"鍵的集合物件
    Set items = data("items")

    ' 從"A2"儲存格開始，依序寫入圖書資料到工作表
    row = 2
    For Each item In items
        With ThisWorkbook.Worksheets("工作表1")
            .Cells(row, 1).Value = item("volumeInfo")("title")
            .Cells(row, 2).Value = item("volumeInfo")("authors")(1)
            .Cells(row, 3).Value = item("volumeInfo")("publisher")
            .Cells(row, 4).Value = item("volumeInfo")("imageLinks")("thumbna
        End With
        row = row + 1
    Next item

    ' 釋放物件資源
    Set items = Nothing
    Set data = Nothing
    Set xmlhttp = Nothing

    MsgBox "圖書資料已成功下載並寫入工作表1。"
End Sub
```

請複製上述 VBA 程序建立成 ch9-5_gpt.xlsm，按清除鈕清除儲存格內容後，按查詢 Google Book 鈕執行上述程序，可以發現有 1 個錯誤。

在檢查回傳圖書的 JSON 資料後，發現有些圖書並沒有作者，所以，請再詢問 ChatGPT 如何修改此問題，請繼續上述對話過程，詳細的問題和功能描述（ch9-5b.txt），如下所示：

> **Q** 因為有些圖書沒有"authors"鍵，請改寫上述VBA程序，可以避免存取不存在鍵的JSON資料。

ChatGPT 改寫的 VBA 程序，在 "authors" 鍵加上了 If 條件敘述，如下所示：

```
If item("volumeInfo").Exists("authors") Then
    .Cells(row, 2).Value = item("volumeInfo")("authors")(1)
End If
```

上述 If 條件敘述使用 Exists() 方法檢查 "authors" 鍵是否存在，存在才寫入 Excel 儲存格，避免沒有作者的問題。其執行結果如下圖所示：

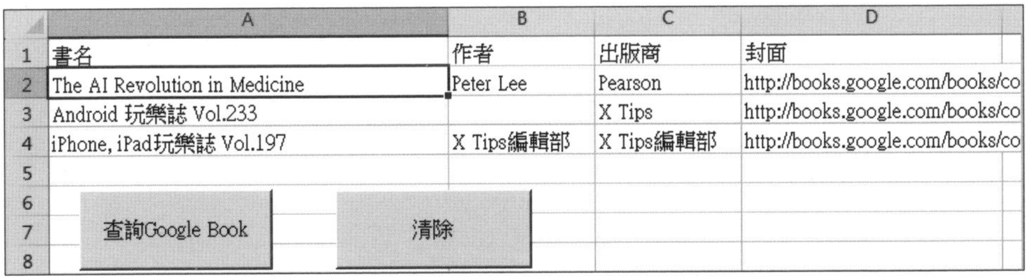

	A	B	C	D
1	書名	作者	出版商	封面
2	The AI Revolution in Medicine	Peter Lee	Pearson	http://books.google.com/books/co
3	Android 玩樂誌 Vol.233		X Tips	http://books.google.com/books/co
4	iPhone, iPad玩樂誌 Vol.197	X Tips編輯部	X Tips編輯部	http://books.google.com/books/co
5				
6				
7	查詢Google Book	清除		
8				

① 請說明什麼是 AJAX？並且使用圖例來說明 AJAX 應用程式架構？

② 請問什麼是 JSON？何謂 Web API 與 Open Data？

③ 請說明如何使用 Chrome 開發人員工具來分析 AJAX 請求？

④ 請說明什麼是 VBA-JSON 函式庫？Excel VBA 程式如何使用 VBA-JSON 函式庫來剖析 JSON 資料。

⑤ 請自行修改第 9-5 節的 ch9-5_gpt.xlsm，新增顯示 Google 圖書查詢回應的圖書資料中 description 鍵的圖書描述資料。

⑥ 請使用 ChatGPT 建立 Excel VBA 程式，可以使用 Flickr 的 Web API 來搜尋貓的圖片（即 tags 參數值），可以取回圖片 title 鍵的標題文字，media 鍵下的 m 是圖片的 URL 網址，Web API 的網址如下所示：

```
https://api.flickr.com/services/feeds/photos _ public.gne?tags=Cat&
tagmode=any&format=json&jsoncallback=?
```

10

用 ChatGPT ✕ Excel VBA 爬取 HTML 表單的互動網頁

10-1 認識 HTML 表單與互動網頁

HTML 表單就是網頁的使用介面，可以讓我們登入網站、選擇購買商品和選取選項。HTML 表單只是使用介面，與使用者的互動是使用 JavaScript 或伺服端網頁技術來處理輸入的資料，稱為表單處理（Form Processing）。

10-1-1 HTML 表單標籤結構

HTML 表單是一種網站互動介面，可以將使用者輸入的資料送到伺服端來處理。對於網路爬蟲來說，我們可能需要在 HTML 表單輸入資料且送出後，才能看到欲擷取目標資料的 HTML 網頁。

☆ HTML 表單標籤

HTML 網頁表單也是 HTML 標籤的集合，其根標籤是 <form>，如下所示：

```
<form name="name" method="post | get" action="URL">
    <input type=…>
    <textarea> … </textarea>
    <select>
      <option> … </option>
    </select>
    <input type="submit" …>
</form>
```

上述 <form> 標籤的 name 屬性是表單名稱；method 屬性是送出方法 post 或 get，如下所示：

◆ **GET 方法**：參數值 get 或 GET，就是在瀏覽器輸入 URL 網址送出的請求，這是向 Web 伺服器要求資源的 HTTP 請求。

◆ POST 方法：參數值是 post 或 POST，這是使用 HTTP 標頭資訊送出 HTML 表單欄位的輸入資料，在 URL 網址並不會看到表單輸入資料的 URL 參數。

在 <form> 標籤的 action 屬性值是處理 HTML 表單資料的 URL 網址，我們是在 <form> 標籤中新增 <input>、<textarea> 和 <select> 等標籤來建立表單介面。

☆HTML 表單欄位資料的送出按鈕

在 <form> 標籤的表單需要 <input> 標籤的按鈕欄位，type 屬性值 submit 或 button 是送出按鈕，也可以使用 <button> 按鈕標籤，當按下按鈕後，就可以將欄位輸入的資料送到伺服端來處理，如下所示：

```
<input type="submit" name="Name" value="Caption"/>
```

上述 <input> 標籤的 type 屬性值如果是 reset 就是重設鈕，可以清除欄位成預設 value 屬性值。

10-1-2 文字內容欄位

HTML 表單的文字內容欄位可以輸入一段或整篇文字內容，隱藏欄位不用輸入資料，可以直接傳送資料至伺服端。在本節的 <form> 標籤是使用 POST 方法送到 http://httpbin.org/post，此網站會使用 JSON 格式來回傳你輸入的欄位資料，如下所示：

```
<form name="login" method="post" action="http://httpbin.org/post">
...
</form>
```

☆ 文字與密碼方塊欄位

文字與密碼方塊可以傳遞使用者以鍵盤輸入的文字內容。例如：姓名、帳號和電話等資料；密碼欄位是將輸入資料在顯示時改用圓點或「＊」星號取代，其使用上和文字方塊並沒有什麼不同，如下所示：

```
<input type="text" name="User" size="15"/>
<input type="password" name="Pass" size="15"/>
```

上述標籤的 type 屬性值 text 是文字方塊；password 是密碼方塊，name 屬性是欄位名稱；size 屬性是欄位寬度的字元數，如右圖所示：

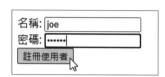

在輸入名稱和密碼後，按**註冊使用者**鈕送出 HTML 表單後，可以看到 http://httpbin.org 網站回應的 JSON 資料，"form" 鍵的內容就是我們在表單欄位輸入的資料，如下圖所示：

```
{
  "args": {},
  "data": "",
  "files": {},
  "form": {
    "Pass": "123456",
    "User": "joe"
  },
  "headers": {
    "Accept": "text/html,application/xhtml+xml,application/xml;q=0.9,image/avif,
    "Accept-Encoding": "gzip, deflate",
    "Accept-Language": "zh-TW,zh-CN;q=0.9,zh;q=0.8,en-US;q=0.7,en;q=0.6",
    "Cache-Control": "max-age=0",
    "Content-Length": "20",
    "Content-Type": "application/x-www-form-urlencoded",
    "Host": "httpbin.org",
    "Origin": "null",
    "Upgrade-Insecure-Requests": "1",
    "User-Agent": "Mozilla/5.0 (Windows NT 10.0; Win64; x64) AppleWebKit/537.36
    "X-Amzn-Trace-Id": "Root=1-647da263-520019571ee3d893303d9751"
  },
  "json": null,
  "origin": "118.168.174.179",
  "url": "http://httpbin.org/post"
}
```

☆ 多行文字方塊欄位

ch10-1-2a.html

多行文字方塊可以輸入多行或整篇文字內容，特別適合使用在地址、意見、描述或備註等文字資料的輸入，如下所示：

```
<textarea name="Address" rows="5" cols="50">
</textarea>
```

上述標籤的 rows 屬性是輸入幾列；cols 是每列有幾個字，如下圖所示：

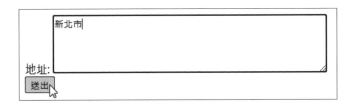

☆ 隱藏欄位

ch10-1-2b.html

隱藏欄位不需要使用者輸入資料，這是不可見欄位，可以直接將 value 屬性值送至 Web 伺服端。在 HTML 表單使用隱藏欄位的目的是用來傳送一些不需要輸入的參數值至伺服器，如下所示：

```
<input type="hidden" name="Type" value="Member"/>
```

上述標籤的 type 屬性值是 hidden，value 屬性是送出的值。

10-1-3 選擇欄位

HTML 表單的選擇欄位是選擇題，分為單選或複選題，而且提供多種介面來讓使用者進行選擇。

☆ 核取方塊欄位

ch10-1-3.html

核取方塊是一個開關，可以讓使用者選擇是否開啟功能或設定參數。HTML 表單的核取方塊欄位是複選題，因為每一個都是可勾選或取消勾選的獨立開關，如下所示：

```
<input type="checkbox" name="GC"
       checked="True"/>Chrome
<input type="checkbox" name="FF"/>Firefox
```

上述標籤的 type 屬性值是 checkbox，checked 屬性值 True 表示預設勾選；False 是沒有勾選，如果有 value 屬性值是欄位實際送出的值，如下圖所示：

☆ 選擇鈕欄位

ch10-1-3a.html

選擇鈕是一組選項，每一個選項名稱旁有一個圓形選擇鈕，這是多選一的單選題，例如：性別是男或女，如下所示：

```
<input type="radio" name="Gender"
             value="male" checked="True"/>男
<input type="radio" name="Gender"
             value="female"/>女
```

上述標籤的 type 屬性值是 radio，name 屬性值相同，所以是同一組選擇鈕，其他屬性和核取方塊相同，如下圖所示：

☆ 下拉式清單方塊欄位

　　HTML 的 <select> 標籤配合 <option> 標籤的選項可以建立下拉式清單方塊欄位，size 屬性值 1 是下拉式清單方塊；大於 1 是清單方塊，如下所示：

```
<select name="Webs" size="4" multiple="True">
  <option value="w1" selected="True">Yahoo!奇摩</option>
  <option value="w2">中華電信Hinet</option>
  <option value="w3">Google台灣</option>
</select>
```

　　上述 <select> 標籤有 3 個 <option> 標籤的選項，<select> 標籤的 multiple 屬性值 True 表示是複選，如下圖所示：

Google Chrome 的 RestMan 擴充功能提供圖形化介面來送出 POST 或 GET 方法的 HTTP 請求，幫助我們檢視回應資料，可以測試 HTML 表單送回的 POST 請求、Web API 和格式化顯示 JSON 資料。

☆ 安裝 RestMan

在 Chrome 瀏覽器安裝 RestMan 擴充功能的步驟，如下所示：

Step **1** 請啟動 Chrome 瀏覽器進入 https://chrome.google.com/webstore/ 應用程式商店，在左上方欄位輸入 RestMan，可以在右邊看到搜尋結果，第 1 個就是 RestMan。

Step **2** 在點選後，按加到 Chrome 鈕。

Step 3 可以看到權限說明對話方塊，按新增擴充功能鈕安裝 RestMan。

Step 4 稍等一下，即可看到已經在工具列新增擴充功能的圖示，如下圖所示：

☆ 使用 RestMan

當成功新增 RestMan 擴充功能後，就可以使用 RestMan 測試 GET 請求的 Web API，例如：第 9-5 節的 Google Book APIs，其 URL 網址如下所示：

◆ https://www.googleapis.com/books/v1/volumes?q=ChatGPT4&maxResults=5&projection=lite

Step 1 請在 Chrome 瀏覽器右上方工具列點選 RestMan 擴充功能圖示,在第 1 個請求方法欄選 GET 後,在後方填入上述 Google Book APIs 的 URL 存取網址後,即可按之後的箭頭鈕送出 HTTP 請求,如下圖所示:

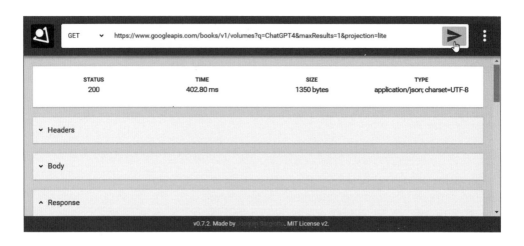

Step 2 在送出 HTTP 請求取得回應後,請捲動視窗,可以在下方檢視回應的 JSON 資料,JSON 標籤是格式化顯示的 JSON 資料;HTML PREVIEW 標籤是網頁預覽,如下圖所示:

10-3 用 POST 方法的 HTML 表單送回取得的網路資料

基本上，HTTP 請求大部分都是 GET 請求，如果是 POST 請求的 HTML 表單送回，我們可以使用 Chrome 開發人員工具找出 HTML 表單欄位值後，使用 Internet Explorer 物件來送出 POST 請求。

 請注意！如果是使用 JavaScript 的 HTML 表單送回，或是找不到 HTML 表單欄位值，請使用 IE 自動化來處理，詳見第 10-4 節的說明。

☆ 步驟一：找出 HTML 表單送回的欄位資料

HTML 表單標籤 <form> 的 method 屬性值是 POST 或 post，就是 POST 方法。例如：在台灣期貨交易所查詢三大法人依日期的交易資訊，可以看到一個查詢表單，其 URL 網址如下所示：

◆ https://www.taifex.com.tw/cht/3/totalTableDate

請按 F12 鍵開啟 Chrome 開發人員工具後，選 Elements 標籤，在選擇上述 HTML 表單後，可以看到 POST 方法的查詢表單，如下所示：

```
<form id="uForm" … action="totalTableDate" method="post">
</form>
```

接著，選 Network 標籤後，在上述表單選擇日期 2023/06/05，按送出查詢鈕，可以看到網路擷取的 HTTP 請求，如下圖所示：

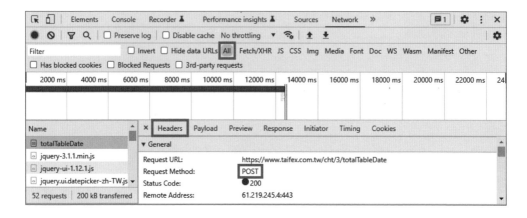

在上述 All 標籤，選第 1 個 totalTableDate 請求（即 action 屬性值），在右邊 Header 標籤可以看到是 POST 請求，然後選 Payload 標籤，可以在 Form Data 區段看到送出的表單資料，queryDate 就是查詢日期，如下圖所示：

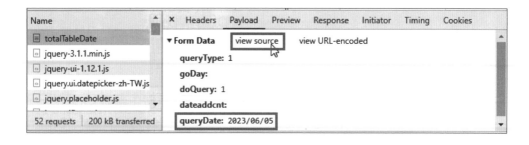

我們可以找出使用者輸入 HTML 表單的欄位名稱和值，以此例而言是 4 個欄位 queryType、goDay、doQuery 和 dateaddcnt，這些欄位是用來回傳所需的系統資訊，只有 queryDate 是使用者輸入的日期資料，點選 view source 可以顯示 HTTP 標頭送回的原始資料，如下所示：

我們可以從上述 Headers 標籤找出 POST 請求的 URL 網址（位在 General 區段），如下所示：

```
https://www.taifex.com.tw/cht/3/totalTableDate
```

HTML 表單送回欄位值的標頭原始資料，如下所示：

```
queryType=1&goDay=&doQuery=1&dateaddcnt=&queryDate=2023%2F06%2F05
```

☆ 步驟二：測試 HTTP POST 請求的表單送回

在找到目標資料的 HTTP POST 請求和 HTTP 表單送回的欄位資料後，就可以使用 RestMan 擴充功能測試表單送回的 HTTP POST 請求。

請啟動 Chrome 瀏覽器點選 RestMan 圖示，在上方選 POST 方法和輸入 URL 網址 https://www.taifex.com.tw/cht/3/totalTableDate，如下圖所示：

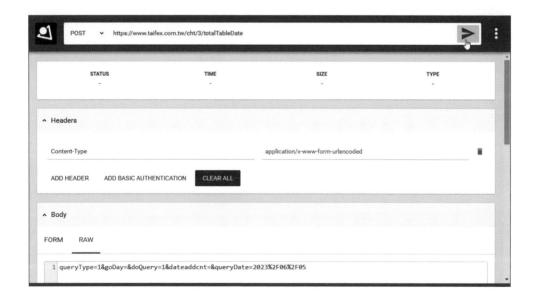

展開上述 Headers 標頭資訊區段，按 ADD HEADER 鈕新增表單送回的標頭資訊，在 Header 欄輸入 Content-Type；在 Value 欄輸入 application/x-www-form-urlencoded。

然後在下方展開 Body 區段選 RAW，即可輸入之前取得表單送回欄位值的標頭原始資料，按上方游標所在的圖示鈕，稍等一下，請捲動視窗，可以看到回應的 HTML 網頁內容，在下方選 HTML PREVIEW 標籤，可以看到取回的 HTML 表格資料，如下圖所示：

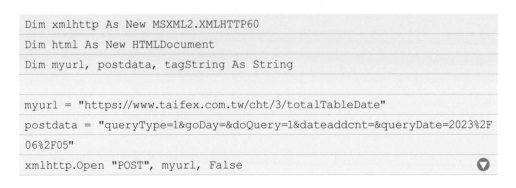

☆ 步驟三：使用 XMLHttpRequest 物件送出 POST 請求

Excel 檔案 ch10-3.xlsm 是使用 POST 請求執行 HTML 表單送回來取得網路資料，首先宣告相關變數，如下所示：

```
Dim xmlhttp As New MSXML2.XMLHTTP60
Dim html As New HTMLDocument
Dim myurl, postdata, tagString As String

myurl = "https://www.taifex.com.tw/cht/3/totalTableDate"
postdata = "queryType=1&goDay=&doQuery=1&dateaddcnt=&queryDate=2023%2F
06%2F05"
xmlhttp.Open "POST", myurl, False
```

```
xmlhttp.setRequestHeader "Content-Type", _
                    "application/x-www-form-urlencoded"
xmlhttp.send postdata
```

上述程式碼的 postdata 變數是之前 HTML 表單送回欄位值的標頭原始資料，然後使用 Open() 方法開啟 POST 請求，在指定 "Content-Type" 標頭後，呼叫 send() 方法送出請求，參數就是表單資料 postdata。

在下方的 If 條件敘述判斷 HTTP 請求是否成功，成功，就將回傳資料的 HTML 標籤資料 responseText 建立成 HTMLDocument 物件，如下所示：

```
If xmlhttp.Status = 200 Then
    html.body.innerHTML = xmlhttp.responseText
    tagString = html.querySelector(".right").innerText
    Sheets(1).Cells(1, 1).Value = tagString
End If

Set xmlhttp = Nothing
Set html = Nothing
```

上述程式碼取得 class 屬性值是 "right" 的標籤，即在 HTML 表單輸入的日期，然後在 "A1" 儲存格顯示此日期，其執行結果如下圖所示：

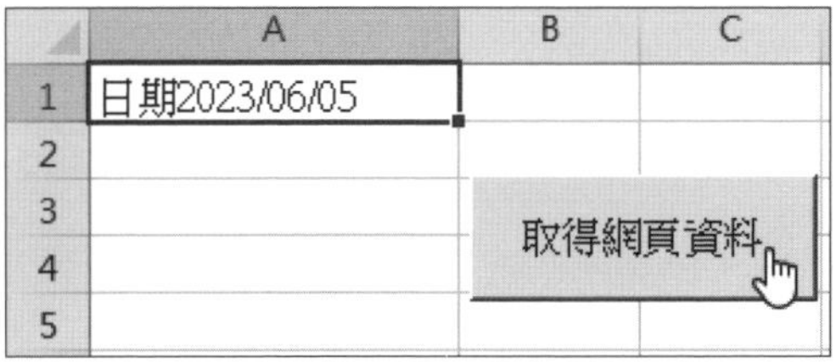

　　IE 自動化（IE Automation）就是使用 Excel VBA 程式碼來自動控制 Internet Explorer 瀏覽器的相關操作，例如：自動填入 HTML 表單的欄位資料、勾選選項和按下按鈕等互動操作，而不需要使用者手動使用滑鼠／鍵盤來進行操作。換句話說，我們可以直接使用 IE 自動化來進行 HTML 表單的互動操作。

☆ 模擬輸入表單欄位資料和按下送出按鈕　　ch10-4.xlsm

　　我們準備重作第 10-3 節的範例，改用 IE 自動化來填寫 HTML 表單欄位，即輸入日期資料，和按下送出查詢鈕，可以取得 HTML 表單送回的網頁資料。我們首先需要找到 HTML 表單欄位，如下所示：

◆ 找出 HTML 表單的日期欄位：使用 DOM 方法找到此欄位後，指定 Value 屬性的欄位值，即可模擬自動化輸入欄位資料，如下所示：

```
<input name="queryDate" type="text" id="queryDate" value="2023/06/05"
  class="hasDatepicker">
```

◆ 找出 HTML 表單的送出按鈕：使用 DOM 方法找到表單送出按鈕，然後呼叫 Click() 方法來模擬按下此按鈕，如下所示：

```
<input type="button" name="button" id="button" value="送出查詢"
class="btn _ orange" onclick="javascript:gosubmit();">
```

　　上述 2 個 <input> 標籤都有 id 屬性值，我們可以使用 getElementById() 方法來找出表單欄位和按鈕。Excel VBA 程式碼如下所示：

```
Dim IE As New InternetExplorer
Dim myurl, tagString As String
```

```
myurl = "https://www.taifex.com.tw/cht/3/totalTableDate"

IE.Visible = True
IE.navigate myurl

Do While IE.Busy = True Or IE.readyState <> 4: DoEvents: Loop
```

上述程式碼是使用 Internet Explorer 物件來載入 HTML 表單網頁,請注意! Do While/Loop 迴圈的條件多了 IE.Busy = True,檢查 IE 瀏覽器是否正在執行某些操作,例如:正在載入網頁或處理 HTTP 請求,第一次請求因為是載入 HTML 表單網頁,所以並不用此條件。

然後在下方呼叫 getElementById() 方法找到文字方塊欄位,即可指定 Value 屬性值的日期欄位值,如下所示:

```
IE.document.getElementById("queryDate").Value = "2023/06/05"
IE.document.getElementById("button").Click
```

上述程式碼再次呼叫 getElementById() 方法找到按鈕欄位後,呼叫 Click() 方法模擬按下按鈕欄位。因為按下後會執行 HTML 表單送回,所以會再送出 POST 方法的 HTTP 請求,此時就是使用 IE.Busy = True 條件來判斷是否仍在 HTTP 請求之中,如下所示:

```
Do While IE.Busy = True Or IE.readyState <> 4: DoEvents: Loop

tagString = IE.document.querySelector(".right").innerText
IE.Quit

Sheets(1).Cells(1, 1).Value = tagString

Set IE = Nothing
```

上述程式碼當成功載入 HTML 表單送回後的回應網頁後,就可以取得 class 屬性值是 "right" 的標籤,即在 HTML 表單輸入的日期,然後在 "A1" 儲存格顯示此日期,其執行結果和第 10-3 節完全相同。

除了使用 Value 屬性來直接指定欄位值，我們也可以使用 Application. SendKeys() 方法來模擬鍵盤的按鍵輸入，即模擬使用鍵盤輸入日期 "2023/06/05"。

Excel 檔案 ch10-4a.xlsm 的結構和 ch10-4.xlsm 基本上是相同的，只有日期部分改為 Application.SendKeys() 方法來模擬鍵盤的按鍵輸入，如下所示：

```
...
Do While IE.Busy = True Or IE.readyState <> 4: DoEvents: Loop

querydate = "2023/06/05"
Set itm = IE.document.getElementById("queryDate")
itm.Value = ""
itm.Focus
```

上述程式碼找到日期輸入的欄位後，首先指定成空字串來清除欄位內容，然後呼叫 Focus() 方法取得焦點，如此鍵盤輸入才會輸入此欄位，因為輸入的是一個字串，所以使用下列 For/Next 迴圈一次送出 1 個字元，如下所示：

```
For i = 1 To Len(querydate)
    Application.SendKeys Mid(querydate, i, 1), True
Next i
```

上述 For/Next 迴圈呼叫 Mid() 函數一次取出 1 個字元後，呼叫 Application.SendKeys() 方法模擬按下此字元的按鍵。在下方是使用相同的 Click() 方法來模擬按下按鈕，如下所示：

```
IE.document.getElementById("button").Click

Do While IE.Busy = True Or IE.readyState <> 4: DoEvents: Loop
...
```

Excel 檔案 ch10-4a.xlsm 的執行結果也和第 10-3 節完全相同。

10-5 ChatGPT 應用：用 IHTMLTable 物件擷取 HTML 表格資料

HTML 表格的 \<table\> 標籤是 IHTMLTable 物件，所有 \<tr\> 標籤是 IHTMLTableRow 物件，此列的所有 \<td\> 標籤是 IHTMLTableCell 物件，在第 8-4-2 節是使用 CSS 選擇器來擷取 HTML 表格資料，這一節我們準備讓 ChatGPT 使用上述 3 種 IHTMLTable 物件來幫我們寫出擷取 HTML 表格的 Excel VBA 程式。

我們準備繼續第 10-3 節和第 10-4 節的 Excel VBA 程式，爬取 HTML 表單送回網頁的 HTML 表格標籤，此網頁有多個重疊的表格標籤，在外層的 \<table\> 標籤中有二列儲存格，每一列儲存格各有 1 個 \<table\> 子標籤，如下圖所示：

總表

單位：口數；百萬元(含鉅額交易，含標的證券為國外成分證券ETFs或境外指數ETFs之交易量)

日期2023/06/05

交易口數與契約金額					
多方		空方		多空淨額	
身份別	口數	契約金額	口數	契約金額	口數	契約金額
自營商	317,267	40,744	310,705	41,442	6,562	-698
投信	152	503	235	772	-83	-269
外資	353,275	251,214	362,088	264,376	-8,813	-13,162
合計	670,694	292,461	673,028	306,590	-2,334	-14,129

未平倉口數與契約金額					
多方		空方		多空淨額	
身份別	口數	契約金額	口數	契約金額	口數	契約金額
自營商	260,773	43,886	382,105	109,894	-121,332	-66,008
投信	13,743	35,166	18,195	51,057	-4,452	-15,891
外資	294,436	257,703	346,367	191,855	-51,931	65,848
合計	568,952	336,755	746,667	352,806	-177,715	-16,051

上述 HTML 表格右上角的日期，就是前 2 節爬取的資料，這是 1 個 <span> 標籤，如下所示：

```
<span class="right">日期2023/06/05</span>
```

在下方 2 個表格的第 1 個 <table> 表格標籤有 class 屬性值 "table_f"，如下所示：

```
<table width="100%" height="173" border="0" cellpadding="2"
 cellspacing="1" bordercolordark="#ffffff" bgcolor="#336699"
 class="table _f">
  <tbody>
  ...
  </tbody>
</table>
```

第 2 個 <table> 表格標籤有 class 屬性值 "table_c"。在取得第 1 個 HTML 表格的 MSHTML.IHTMLTable 物件後，使用 Rows 屬性來取得每一列表格列，如下表所示：

屬性	說明
Rows	回傳表格每一列 MSHTML.IHTMLTableRow 的集合物件，索引值是從 0 開始

然後針對每一列的 MSHTML.IHTMLTableRow 物件，使用 Cells 屬性來取得此列的每一個儲存格，如下表所示：

屬性	說明
Cells	回傳此表格列各儲存格的 MSHTML.IHTMLTableCell 集合物件

我們可以直接使用巢狀 For/Next 迴圈來一一取出各儲存格的內容。現在，我們可以詢問 ChatGPT 寫出此 Excel VBA 程序來爬取 HTML 表格資料，詳細的問題和功能描述（ch10-5.txt），如下所示：

> **Q** 你是VBA程式專家，請寫出一個Excel VBA程序importHTMLTable()，並且加上繁體中文的註解文字，可以傳入3個參數，第1和第2個參數分別是Excel目前工作表Cell儲存格的開始列和欄，第3個參數是MSHTML. IHTMLTable物件，請從第3個參數的HTML表格物件開始，使用Rows屬性來取得每一列表格列，然後使用Cells屬性來取得此列的每一個儲存格，即可使用巢狀For/Next迴圈在Excel工作表顯示HTML表格資料。

```vba
Sub importHTMLTable(startRow As Integer, startColumn As Integer, table As MS
    Dim htmlRow As MSHTML.IHTMLTableRow
    Dim htmlCell As MSHTML.IHTMLTableCell
    Dim currRow As Integer
    Dim currColumn As Integer

    ' 從指定的行和列開始導入表格資料
    currRow = startRow
    For Each htmlRow In table.Rows
        currColumn = startColumn
        For Each htmlCell In htmlRow.Cells
            ' 在Excel工作表中顯示儲存格的內容
            Cells(currRow, currColumn).Value = htmlCell.innerText
            currColumn = currColumn + 1
        Next htmlCell
        currRow = currRow + 1
    Next htmlRow
End Sub
```

上述 ChatGPT 回應的 VBA 程式碼是使用 2 層 For Each/Next 迴圈將 HTML 表格資料填入 Excel 工作表，如下所示：

```
' 從指定的行和列開始導入表格資料
currRow = startRow
For Each htmlRow In table.Rows
    currColumn = startColumn
```

```
For Each htmlCell In htmlRow.Cells
    ' 在Excel工作表中顯示儲存格的內容
    Cells(currRow, currColumn).Value = htmlCell.innerText
    currColumn = currColumn + 1
Next htmlCell
currRow = currRow + 1
Next htmlRow
```

上述外層 For Each/Next 迴圈走訪每一列，內層 For Each/Next 迴圈走訪每一列的每一個儲存格，即欄位，然後使用 Cells(row, column) 來定位工作表的儲存格，可以顯示 HTML 表格的儲存格內容，如下所示：

```
Cells(currRow, currColumn).Value = htmlCell.innerText
```

請先複製 ch10-3.xlsm 成為 ch10-5_gpt.xlsm，然後複製 ChatGPT 產生的 importHTMLTable() 程序，貼在取得網頁資料 _Click 事件處理程序之後，如下圖所示：

然後修改**取得網頁資料** _Click 事件處理程序，原來的 VBA 程式碼，如下所示：

```
...
If xmlhttp.Status = 200 Then
    html.body.innerHTML = xmlhttp.responseText
    tagString = html.querySelector(".right").innerText
    Sheets(1).Cells(1, 1).Value = tagString
End If
...
```

上述 If 條件敘述中的最後 2 列程式碼需改為選擇 HTML 表格後，呼叫 importHTMLTable() 程序，如下所示：

```
...
If xmlhttp.Status = 200 Then
    html.body.innerHTML = xmlhttp.responseText
    Set htmlTable = html.querySelector(".table_f")
    Call importHTMLTable(1, 1, htmlTable)
End If
...
```

上述程式碼使用 querySelector() 方法取得 HTML 表格，其選擇器字串是 ".table_f"，然後使用開始儲存格位置和 htmlTable 物件來呼叫 importHTMLTable() 程序。

請啟動 Excel 開啟 ch10-5_gpt.xlsm，按**取得網頁資料**鈕，可以在儲存格顯示從網頁擷取的第 1 個 HTML 表格，如下圖所示：

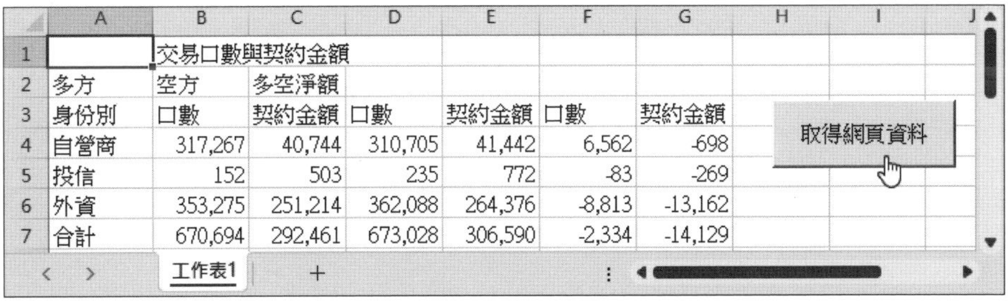

	A	B	C	D	E	F	G	H	I	J
1		交易口數與契約金額								
2	多方	空方		多空淨額						
3	身份別	口數	契約金額	口數	契約金額	口數	契約金額		取得網頁資料	
4	自營商	317,267	40,744	310,705	41,442	6,562	-698			
5	投信	152	503	235	772	-83	-269			
6	外資	353,275	251,214	362,088	264,376	-8,813	-13,162			
7	合計	670,694	292,461	673,028	306,590	-2,334	-14,129			

工作表1 +

因為 HTML 表單送回的 HTML 表格有 2 個，我們只需再取得第 2 個表格的 IHTMLTable 物件，就可以馬上再爬取第 2 個 HTML 表格內容。請先複製 ch10-5_gpt.xlsm 成為 ch10-5a_gpt.xlsm，然後開啟 VBA 編輯器來修改 VBA 程式碼，如下所示：

```
...
If xmlhttp.Status = 200 Then
    html.body.innerHTML = xmlhttp.responseText
    Set htmlTable = html.querySelector(".table _ f")
    Call importHTMLTable(1, 1, htmlTable)
    Set htmlTable = html.querySelector(".table _ c")
    Call importHTMLTable(10, 1, htmlTable)
End If
...
```

上述程式碼重複使用 querySelector() 方法取得第 2 個 HTML 表格，其選擇器字串是 ".table_c"，然後使用開始儲存格位置和 htmlTable 物件來呼叫 importHTMLTable() 程序。

Excel 檔案 ch10-5a_gpt.xlsm 的執行結果，可以在 Excel 工作表的儲存格顯示從網頁擷取的 2 個 HTML 表格，如下圖所示：

	A	B	C	D	E	F	G	H	I	J
1		交易口數與契約金額								
2	多方	空方	多空淨額							
3	身份別	口數	契約金額	口數	契約金額	口數	契約金額			
4	自營商	317,267	40,744	310,705	41,442	6,562	-698	取得網頁資料		
5	投信	152	503	235	772	-83	-269			
6	外資	353,275	251,214	362,088	264,376	-8,813	-13,162			
7	合計	670,694	292,461	673,028	306,590	-2,334	-14,129			
8										
9										
10		未平倉口數與契約金額								
11	多方	空方	多空淨額							
12	身份別	口數	契約金額	口數	契約金額	口數	契約金額			
13	自營商	260,773	43,886	382,105	109,894	-121,332	-66,008			
14	投信	13,743	35,166	18,195	51,057	-4,452	-15,891			
15	外資	294,436	257,703	346,367	191,855	-51,931	65,848			
16	合計	568,952	336,755	746,667	352,806	-177,715	-16,051			

工作表1   +

① 請說明什麼是 HTML 表單標籤和表單欄位標籤？ POST 和 GET 方法的 HTML 表單有何不同？

② 請問 AJAX 和 HTML 表單送回的 HTTP 請求有何不同？

③ 請說明什麼是 IE 自動化？ Excel VBA 如何執行 IE 自動化？

④ 請問 Excel VBA 程式如何使用 IHTMLTable 物件，來擷取 HTML 表格資料？

⑤ 請使用 ChatGPT 幫助我們建立電腦訂購單的 HTML 表單，可以輸入訂購者資料和選擇電腦配備。

⑥ 請建立 Excel VBA 程式使用 IE 自動化，可以輸入使用者名稱和密碼來登入你的 Web 網頁電子郵件系統。

MEMO

CHAPTER

11

ChatGPT × Excel VBA 整合應用：使用網路 爬蟲取得網路資料

11-1 使用超連結擷取多頁面的資料

HTML 網頁是使用超連結來連接多頁 HTML 網頁,我們只需取出超連結 <a> 標籤的 href 屬性值,就可以使用 Excel VBA 再次送出 HTTP 請求來擷取下一頁網頁的資料。例如:https://fchart.github.io/fchart.html 網頁,如下圖所示:

fChart程式設計教學工具簡介

fChart是一套真正可以使用「流程圖」引導程式設計教學的「完整」學習工具,可以幫助初學者透過流程圖學習程式邏輯和輕鬆進入「Coding」世界。

更多資訊...

我們準備在上述網頁擷取出標題文字 <h1> 標籤和超連結 <a> 標籤的 href 屬性值,這是第 1 頁網頁,請點選更多資訊超連結,可以進入 fChart 程式設計教學工具的首頁,這是第 2 頁網頁,如下圖所示:

同理,Excel VBA 爬蟲程式可以使用此超連結的 URL 網址,再次送出 HTTP 請求來取得回應的新網頁,即可繼續在此網頁擷取所需的資料,以此例我們準備再擷取 <b> 標籤的內容。

☆ 使用 XMLHttpRequest 物件 　　　　　ch11-1.xlsm

　　如果需要擷取多頁面的資料，表示我們需要巡覽多頁網頁內容，在 Excel VBA 程式需要使用 XMLHttpRequest 物件重複送出多次 HTTP 請求，以此例一共送出 2 次 HTTP 請求，如下所示：

```
Dim xmlhttp As New MSXML2.XMLHTTP60
Dim html As New HTMLDocument
Dim h1_tag As Object, a_tag As Object, b_tag As Object
Dim myurl As String

myurl = "https://fchart.github.io/fchart.html"

xmlhttp.Open "GET", myurl, False
xmlhttp.Send
```

　　上述程式碼使用 XMLHttpRequest 物件送出第 1 次 HTTP 請求。在下方 If/Else 條件敘述判斷 HTTP 請求是否成功，若成功，就呼叫 getElementsByTagName() 方法取得第 1 頁的 <h1> 和 <a> 標籤，即可取得標籤內容和 href 屬性值，如下所示：

```
If xmlhttp.Status = 200 Then
    html.body.innerHTML = xmlhttp.responseText
    Set h1_tag = html.getElementsByTagName("h1")
    Sheets(1).Cells(1, 1).Value = h1_tag(0).innerHTML
    Set a_tag = html.getElementsByTagName("a")
    Sheets(1).Cells(2, 1).Value = a_tag(0).href

    xmlhttp.Open "GET", a_tag(0).href, False
    xmlhttp.Send
```

上述程式碼在取得 href 屬性值後，就可以使用 XMLHttpRequest 物件送出第 2 次 HTTP 請求，此時的 URL 網址就是 <a> 標籤的 href 屬性值。然後在下方呼叫 getElementsByTagName() 方法取得第 2 頁的 <b> 標籤，如下所示：

```
    If xmlhttp.Status = 200 Then
        html.body.innerHTML = xmlhttp.responseText
        Set b_tag = html.getElementsByTagName("b")
        Sheets(1).Cells(3, 1).Value = b_tag(0).innerHTML
    Else
        MsgBox ("HTTP請求錯誤: " & xmlhttp.Status)
    End If
Else
    MsgBox ("HTTP請求錯誤: " & xmlhttp.Status)
End If

Set xmlhttp = Nothing
Set html = Nothing
Set h1_tag = Nothing
Set a_tag = Nothing
Set b_tag = Nothing
```

請啟動 Excel 開啟 ch11-1.xlsm，按清除鈕清除儲存格內容後，按測試鈕，可以在儲存格顯示分別從 2 頁網頁所擷取出的資料，如下圖所示：

	A	B	C	D	E
1	fChart程式設計教學工具簡介				
2	https://fchart.github.io/				
3	fChart 程式設計教學工具			測試	
4					
5				清除	
6					
7					

☆ 使用 Internet Explorer 物件　　　　ch11-1a.xlsm

如果需要擷取多頁面的資料，表示我們需要巡覽多頁網頁內容，在 Excel VBA 程式可以使用 Internet Explorer 物件來重複呼叫多次 navigate() 方法瀏覽多頁網頁，以此例一共瀏覽 2 頁網頁，如下所示：

```
Dim IE As New InternetExplorer
Dim h1 _ tag As Object, a _ tag As Object, b _ tag As Object
Dim myurl As String

myurl = "https://fchart.github.io/fchart.html"

IE.Visible = False
IE.navigate myurl

Do While IE.readyState <> READYSTATE _ COMPLETE
    DoEvents
Loop
```

上述程式碼使用 Internet Explorer 物件的 navigate() 方法瀏覽第 1 頁網頁。在下方是呼叫 getElementsByTagName() 方法取得第 1 頁的 <h1> 和 <a> 標籤，如下所示：

```
Set h1 _ tag = IE.document.getElementsByTagName("h1")
Sheets(1).Cells(1, 1).Value = h1 _ tag(0).innerHTML
Set a _ tag = IE.document.getElementsByTagName("a")
Sheets(1).Cells(2, 1).Value = a _ tag(0).href

IE.navigate a _ tag(0).href

Do While IE.readyState <> READYSTATE _ COMPLETE
    DoEvents
Loop
```

上述程式碼在取得 href 屬性值後，就可以使用 navigate() 方法瀏覽第 2 頁網頁，此時的 URL 網址就是 <a> 標籤的 href 屬性值。在下方是呼叫 getElementsByTagName() 方法取得第 2 頁的 <b> 標籤，如下所示：

```
Set b_tag = IE.document.getElementsByTagName("b")
Sheets(1).Cells(3, 1).Value = b_tag(0).innerHTML


Set IE = Nothing
Set h1_tag = Nothing
Set a_tag = Nothing
Set b_tag = Nothing
```

請啟動 Excel 開啟 ch11-1a.xlsm，按清除鈕清除儲存格內容後，按測試鈕，可以在儲存格顯示分別從 2 頁網頁所擷取出的資料，如下圖所示：

11-2 爬取台灣證交所的個股日成交資訊

台灣證交所網站提供查詢個股日成交資訊，其 URL 網址如下所示：

◆ https://www.twse.com.tw/zh/page/trading/exchange/
STOCK_DAY.html

在上述股票代碼輸入 2330，即台積電後，按查詢鈕，可以查詢台積電當月的日成交資訊，如下圖所示：

112年06月 2330 台積電 各日成交資訊

日期	成交股數	成交金額	開盤價	最高價	最低價	收盤價	漲跌價差	成交筆數
112/06/01	25,257,673	13,920,836,412	550.00	554.00	550.00	551.00	-7.00	25,441
112/06/02	34,705,102	19,460,144,774	559.00	564.00	557.00	562.00	+11.00	30,644
112/06/05	17,483,804	9,730,882,750	560.00	560.00	555.00	555.00	-7.00	20,211
112/06/06	21,562,088	12,043,550,635	554.00	562.00	553.00	560.00	+5.00	15,551
112/06/07	29,091,913	16,449,319,451	561.00	568.00	560.00	568.00	+8.00	29,548
112/06/08	25,250,687	14,190,442,437	562.00	568.00	555.00	559.00	-9.00	27,238
112/06/09	19,776,199	11,160,654,540	561.00	566.00	561.00	565.00	+6.00	16,713
112/06/12	28,656,646	16,431,644,333	574.00	574.00	571.00	574.00	+9.00	38,130

如果是點選 HTML 表格左上方的 CSV 下載超連結，可以直接下載 CSV 檔案，請點選列印 /HTML 超連結，可以看到顯示列印格式的 HTML 表格，如下圖所示：

112年06月 2330 台積電 各日成交資訊

日期	成交股數	成交金額	開盤價	最高價	最低價	收盤價	漲跌價差	成交筆數
112/06/01	25,257,673	13,920,836,412	550.00	554.00	550.00	551.00	-7.00	25,441
112/06/02	34,705,102	19,460,144,774	559.00	564.00	557.00	562.00	+11.00	30,644
112/06/05	17,483,804	9,730,882,750	560.00	560.00	555.00	555.00	-7.00	20,211
112/06/06	21,562,088	12,043,550,635	554.00	562.00	553.00	560.00	+5.00	15,551
112/06/07	29,091,913	16,449,319,451	561.00	568.00	560.00	568.00	+8.00	29,548
112/06/08	25,250,687	14,190,442,437	562.00	568.00	555.00	559.00	-9.00	27,238
112/06/09	19,776,199	11,160,654,540	561.00	566.00	561.00	565.00	+6.00	16,713
112/06/12	28,656,646	16,431,644,333	574.00	574.00	571.00	574.00	+9.00	38,130

請複製瀏覽器上方的 URL 網址，如下所示：

```
https://www.twse.com.tw/rwd/zh/afterTrading/STOCK _ DAY?date=20230623&sto
ckNo=2330&response=html
```

上述 date 參數是日期；stockNo 是股票代碼。換句話說，我們可以直接使用上述 URL 網址來查詢 5 月的日成交資訊，如果是查詢完整的月份，date 參數值是每月的第 1 天，即 20230501，如下所示：

```
https://www.twse.com.tw/rwd/zh/afterTrading/STOCK _ DAY?date=20230501&sto
ckNo=2330&response=html
```

112年05月 2330 台積電 各日成交資訊

日期	成交股數	成交金額	開盤價	最高價	最低價	收盤價	漲跌價差	成交筆數
112/05/02	17,142,380	8,572,554,842	500.00	502.00	496.50	501.00	-1.00	18,247
112/05/03	12,694,698	6,305,914,905	496.00	498.00	495.00	496.00	-5.00	25,658
112/05/04	13,699,933	6,818,128,036	497.00	499.50	496.00	498.00	+2.00	14,801
112/05/05	7,898,012	3,949,232,374	500.00	502.00	498.50	500.00	+2.00	10,944

現在，請使用 Chrome 開發人員工具找到 `<table>` 標籤後，即可執行右鍵快顯功能表的 Copy/Copy selector 命令，取得定位 `<table>` 標籤的 CSS 選擇器字串，如下所示：

```
body > div:nth-child(1) > table
```

Excel 檔案 ch11-2.xlsm 是使用上述 URL 網址來爬取 2023 年 5 月份的股票日成交資訊，首先建立 Internet Explorer 物件 IE，如下所示：

```
Dim IE As New InternetExplorer
Dim Table As Object
Dim i As Integer, j As Integer

IE.Visible = True

IE.navigate "https://www.twse.com.tw/rwd/zh/afterTrading/STOCK _ DAY? _
date=20230501&stockNo=2330&response=html"
```

上述程式碼呼叫 navigate() 方法瀏覽查詢個股日成交資訊的列印格式網頁。在下方使用 Do/While 迴圈等待網頁完全載入，迴圈條件有多檢查 Busy 屬性，確認 IE 是否不是在忙碌中，如下所示：

```
Do While IE.Busy = True Or IE.readyState <> 4: DoEvents: Loop

Set Table = IE.document.querySelector("body > div:nth-child(1) > table")
```

上述程式碼呼叫 querySelector() 方法以之前取得的 CSS 選擇器字串，取得 `<table>` 標籤物件後，在下方使用 For/Next 迴圈爬取 HTML 表格資料，如下所示：

```
For i = 0 To Table.Rows.Length - 1
   For j = 0 To Table.Rows(i).Cells.Length - 1
      Sheets(1).Cells(i + 1, j + 1).Value = Table.Rows(i).Cells(j). _
      innerText
```

```
    Next j
Next i

IE.Quit

Set IE = Nothing
Set Table = Nothing
```

上述 2 層 For/Next 巢狀迴圈，可以從每一列至每一欄將表格資料依序在 Excel 工作表的儲存格填入 innerText 屬性值的標籤內容。

請啟動 Excel 開啟 ch11-2.xlsm，按清除鈕清除儲存格內容後，再按爬取鈕，可以開啟 Internet Explorer 視窗顯示 HTML 表格資料，然後在 Excel 工作表填入爬取的 HTML 表格資料，如下圖所示：

	A	B	C	D	E	F	G	H	I	J
1	112年05月 2330 台積電各日成交資訊									
2	日期	成交股數	成交金額	開盤價	最高價	最低價	收盤價	漲跌價差	成交筆數	爬取
3	112/05/02	17,142,380.00	8,572,554,842	500	502	496.5	501	-1	18,247	
4	112/05/03	12,694,698.00	6,305,914,905	496	498	495	496	-5	25,658	
5	112/05/04	13,699,933.00	6,818,128,036	497	500	496	498	2	14,801	清除
6	112/05/05	7,898,012.00	3,949,232,374	500	502	498.5	500	2	10,944	
7	112/05/08	11,737,287.00	5,932,968,954	509	509	502	504	4	13,709	
8	112/05/09	18,762,778.00	9,530,653,802	507	510	505	510	6	17,452	
9	112/05/10	19,385,820.00	9,753,130,414	508	508	500	503	-7	26,320	
10	112/05/11	13,775,130.00	6,894,746,011	506	506	498.5	499	-4	20,237	
11	112/05/12	20,746,928.00	10,313,384,387	496	500	495	496	-3	27,989	
12	112/05/15	15,548,031.00	7,721,867,966	497	499.5	494.5	495.5	-0.5	16,896	
13	112/05/16	24,052,785.00	12,131,536,763	503	508	500	505	9.5	22,355	
14	112/05/17	44,352,410.00	22,870,340,267	508	521	506	519	14	52,663	
15	112/05/18	46,107,848.00	24,437,734,052	533	536	526	530	11	50,359	
16	112/05/19	34,742,592.00	18,476,363,730	535	535	529	532	2	39,104	

11-3 ChatGPT 應用：自動化下載網路上的 CSV 檔案

目前很多 Web 網站或政府單位的 Open Data 開放資料網站都可以直接下載資料，我們除了手動自行下載外，事實上，只要能夠找到下載的 URL 網址，就可以請 ChatGPT 撰寫 VBA 程序來自動下載 CSV 檔案和將 CSV 資料填入 Excel 工作表。

☆ 在美國 Yahoo 下載股票歷史資料

在美國 Yahoo 財經網站可以下載股票的歷史資料，例如：台積電，其 URL 網址，如下所示：

◆ https://finance.yahoo.com/quote/2330.TW

上述網址最後的 2330 是台積電的股票代碼，.TW 是台灣股市，如下圖所示：

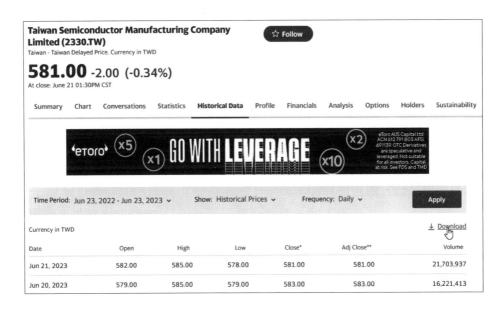

請在上述網頁選 Historical Data 標籤後，在下方左邊選擇時間範圍，在右邊按 Apply 鈕顯示股票的歷史資料後，即可點選下方的 Download 超連結，下載預設以股票名稱為名的 CSV 檔案。

☆ Excel VBA 自動下載和匯入 CSV 檔案 ch11-3_gpt.xlsm

請在 Yahoo 股票資料的 Download 超連結上，執行右鍵快顯功能表的**複製連結網址**命令，就可以取得下載 CSV 檔案的 URL 網址。

現在，我們可以詢問 ChatGPT 寫一個 VBA 程序來自動下載 CSV 檔案，其詳細的問題和功能描述（ch11-3.txt），如下所示：

> **Q** 你是VBA程式專家，請寫出一個Excel VBA程序DownloadCSVFile()，並且加上繁體中文的註解文字，可以使用XMLHttpRequest物件下載下列URL網址的CSV資料，並且儲存成與Excel檔案相同目錄的CSV檔案 "2330tw.csv"，URL網址如下所示：
>
> https://query1.finance.yahoo.com/v7/finance/download/2330.TW?period1=1655977497&period2=1687513497&interval=1d&events=history&includeAdjustedClose=true

```vba
Sub DownloadCSVFile()
    ' 引用 Microsoft XML, v6.0
    Dim xmlhttp As New MSXML2.XMLHTTP60
    Dim url As String, savePath As String

    ' 設定要下載的URL網址和儲存路徑
    url = "https://query1.finance.yahoo.com/v7/finance/download/2330.TW?peri
    savePath = ThisWorkbook.Path & "\2330tw.csv"
```

```vba
    ' 發送HTTP請求以下載檔案
    xmlhttp.Open "GET", url, False
    xmlhttp.send

    ' 檢查HTTP狀態碼是否為200，表示成功
    If xmlhttp.Status = 200 Then
        ' 儲存下載的資料到檔案中
        Dim fileStream As Object
        Set fileStream = CreateObject("ADODB.Stream")
        fileStream.Type = 1 ' 二進制模式
        fileStream.Open
        fileStream.Write xmlhttp.responseBody
        fileStream.SaveToFile savePath, 2 ' 2 表示覆蓋已存在的檔案
        fileStream.Close

        MsgBox "CSV檔案下載完成！"
    Else
        MsgBox "無法下載CSV檔案。"
    End If
End Sub
```

上述 ChatGPT 回應的 VBA 程式碼是使用 XMLHttpRequest 物件取得 CSV 資料，然後呼叫 CreateObject() 函數建立檔案串流物件後，將取得的資料寫入 CSV 檔案。其執行結果可以在 Excel 檔案的相同目錄看到 CSV 檔案 "2330tw.csv"。

雖然 Excel 的內建功能就可以開啟或匯入 CSV 資料，為了完成自動化操作，當成功下載 CSV 檔案後，我們可以詢問 ChatGPT 寫一個 VBA 程序，讀取 CSV 檔案來填入目前的 Excel 工作表，其詳細的問題和功能描述（ch11-3a.txt），如下所示：

Q 你是VBA程式專家，請寫出一個Excel VBA程序ImportCSVFile()，並且加上繁體中文的註解文字，可以開啟與Excel檔案相同目錄的CSV檔案"2330tw.csv"後，從"A1"儲存格開始，將資料匯入Excel工作表"工作表1"。

```vba                                                    Copy code
Sub ImportCSVFile()
    Dim filePath As String
    Dim fileName As String
    Dim targetWorksheet As Worksheet

    ' 取得目前活頁簿的路徑及檔名
    filePath = ThisWorkbook.Path & "\"
    fileName = "2330tw.csv"

    ' 開啟CSV檔案
    Workbooks.Open fileName:=filePath & fileName

    ' 設定目標工作表
    Set targetWorksheet = ThisWorkbook.Worksheets("工作表1")

    ' 將CSV檔案的資料複製到目標工作表中
    Workbooks(fileName).Worksheets(1).UsedRange.Copy Destination:=targetWork

    ' 關閉CSV檔案
    Workbooks(fileName).Close SaveChanges:=False
End Sub
```

上述 ChatGPT 回應的 VBA 程式碼是開啟 CSV 檔案成為 Excel 活頁簿後，將 CSV 檔案內容從 "A1" 儲存格開始，依序填入 Excel 工作表的 " 工作表 1"，如下所示：

```
Workbooks(fileName).Worksheets(1).UsedRange.Copy Destination:= _
                            targetWorksheet.Range("A1")
```

上述程式碼的 Workbooks 使用檔案名稱取得 CSV 檔案的 Excel 活頁簿，然後使用 UsedRange 物件取得有使用的儲存格範圍，即可複製儲存格資料至目標工作表的 "A1" 儲存格位置。

請複製上述 2 個 ChatGPT 寫出的 VBA 程序至 Excel 檔案 ch11-3_gpt.xlsm，內含 2 個按鈕，分別可以下載和匯入 CSV 檔案，其執行結果請先按下載 CSV 檔案鈕下載 CSV 檔案後，即可按匯入 CSV 檔案鈕，將 CSV 檔案內容匯入目前的工作表，如下圖所示：

	A	B	C	D	E	F	G	H	I	J	K
1	Date	Open	High	Low	Close	Adj Close	Volume				
2	2022/6/23	492	493.5	485	485.5	475.1482	43548940				
3	2022/6/24	489.5	492.5	485.5	486.5	476.1269	27911980				
4	2022/6/27	496	506	495.5	498.5	487.8709	37909718			下載CSV檔案	
5	2022/6/28	496	500	496	497.5	486.8923	15274062				
6	2022/6/29	496	498.5	491	491	480.5309	30533789				
7	2022/6/30	484.5	486.5	476	476	465.8507	46311432			匯入CSV檔案	
8	2022/7/1	471.5	474	452.5	453.5	443.8304	61744377				
9	2022/7/4	443	451.5	440	440	430.6183	52445919				
10	2022/7/5	449.5	451.5	433	446	436.4904	50084244				
11	2022/7/6	442	447.5	435	435.5	426.2142	40549763				
12	2022/7/7	442	459	438.5	457.5	447.7452	48151202				
13	2022/7/8	470	470.5	461.5	467	457.0426	37897895				
14	2022/7/11	468	470.5	461	462	452.1492	21941710				
15	2022/7/12	458	458	449.5	449.5	439.9158	23036423				

11-4 ChatGPT 應用：爬取 JavaScript 動態網頁的多筆記錄資料

　　Ashion 範本電商網站是使用 JavaScript 程式碼產生網頁內容的購物網站，這是一頁 JavaScript 動態網頁，我們需啟用 JavaScript，即將 Quick JavaScript Switcher 切換成小綠點，才能成功顯示商品清單，每一個方框是一個商品資料，其 URL 網址如下所示：

◆ https://fchart.github.io/Ashion/

☆ 分析 HTML 網頁資料

　　因為關閉 JavaScript 會影響目標資料，請開啟 JavaScript 後，使用 Chrome 開發人員工具找出目標資料，可以發現商品資料是位在 <section> 標籤下的 <div> 巢狀標籤，如下所示：

```
<section class="product spad">
    <div class="product__item">
    </div>
    ...
</section>
```

上述外層 <section> 標籤（class 屬性值 "product"）是多筆商品記錄的父標籤，取得 <section> 標籤的 CSS 選擇器字串，如下所示：

```
section.product
```

在 <section> 標籤之下有多層 <div> 子標籤，每一個 <div> 子標籤（class 屬性值 "product__item"）是一筆記錄，取得 <div> 子標籤的 CSS 選擇器是 "div.product__item"，每一筆記錄的欄位資料，如下表所示：

欄位	標籤與屬性
商品名稱	<h6> 下的 <a> 標籤
商品圖片	<div>（class 屬性值 "product__item__pic"）的 data-setbg 屬性值
價格	<div>（class 屬性值 "product__price"）標籤

我們可以詢問 ChatGPT 將上表的標籤和屬性描述轉換成 CSS 選擇器字串，其詳細的問題描述（ch11-4.txt），如下所示：

> **Q** 你是CSS選擇器專家，請將下列的標籤和屬性描述轉換成定位的CSS選擇器字串，如下所示：
>
> 1. <h6>下的<a>子標籤。
> 2. <div>標籤的class屬性值是"product__item__pic"。
> 3. <div>標籤的class屬性值是"product__price"。

> 1. `<h6>`下的`<a>`子標籤：
>   CSS選擇器字串：`h6 > a`
> 2. `<div>`標籤的class屬性值是"product__item__pic"：
>   CSS選擇器字串：`div.product__item__pic`
> 3. `<div>`標籤的class屬性值是"product__price"：
>   CSS選擇器字串：`div.product__price`

現在，我們可以規劃爬取方式是先定位外層 <section> 標籤，然後取得之下所有 <div class="product__item"> 的記錄子標籤，就可以取得記錄的每一個欄位資料。

因為 JavaScript 會影響目標資料，所以 Excel VBA 程式是使用 Internet Explorer 物件來瀏覽網頁。請詢問 ChatGPT 幫助我們寫出一個 VBA 程序來爬取所有的商品資料，其詳細的問題和功能描述（ch11-4a. txt），如下所示：

> **Q** 晚期繫結（Late Binding）是使用CreateObject()函數來建立物件，如下所示：
>
> Dim IE As Object
> Set IE = CreateObject("InternetExplorer.Application")
> 早期繫結（Early Binding）是如同使用內建型別來建立物件，如下所示：
> Dim IE As New InternetExplorer
>
> 請建立一個Excel VBA程序GetTableData()，並且加上繁體中文的註解文字，使用晚期繫結建立Internet Explorer物件取得URL網址https://fchart.github.io/Ashion/的商品資訊，來寫入Excel工作表"工作表1"，如下所示：
> step1: 在取得回應內容後，使用querySelector()方法取得單一父 <section>HTML標籤的IHTMLElement物件productSec，CSS選擇器如下所示：
> section.product

step2: 然後使用querySelectorAll()方法取得<section>父標籤下一層所有<div>記錄標籤IHTMLDOMChildrenCollection物件recordDivs，CSS選擇器如下所示：

div.product__item

step3: 接著在Excel工作表寫入標題列"商品名稱"、"商品圖片"和"價格"。

step4: 使用For/Next迴圈走訪每一筆<div>記錄標籤，和使用recordDivs.Item(i).querySelector()方法，以下列CSS選擇器來取出記錄的各欄位資料來寫入Excel工作表，如下所示：

1. 商品名稱：h6 > a

2. 商品圖片：取出div.product__item__pic的data-setbg屬性值。

3. 價格：div.product__price。

```vba
Sub GetTableData()
    Dim IE As Object
    Dim HTMLDoc As Object
    Dim productSec As Object
    Dim recordDivs As Object
    Dim i As Integer
    Dim productName As String
    Dim productImage As String
    Dim productPrice As String

    ' 建立Internet Explorer物件
    Set IE = CreateObject("InternetExplorer.Application")

    ' 打開網頁
    With IE
        .Visible = False ' 設定為False以隱藏瀏覽器視窗
        .navigate "https://fchart.github.io/Ashion/" ' 載入網頁
        ' 等待網頁載入完成
        Do While .Busy Or .readyState <> 4
            DoEvents
```

```
         Loop
         ' 取得網頁內容
         Set HTMLDoc = .document
      End With

    ' 取得單一父<section>HTML標籤的IHTMLElement物件productSec
    Set productSec = HTMLDoc.querySelector("section.product")

    ' 取得<section>父標籤下一層所有<div>記錄標籤IHTMLDOMChildrenCollection物件rec
    Set recordDivs = productSec.querySelectorAll("div.product__item")

    ' 在Excel工作表寫入標題列
    Sheets("工作表1").Range("A1").Value = "商品名稱"
    Sheets("工作表1").Range("B1").Value = "商品圖片"
    Sheets("工作表1").Range("C1").Value = "價格"

    ' 走訪每一筆<div>記錄標籤，並寫入Excel工作表
    For i = 0 To recordDivs.Length - 1
        ' 取得商品名稱
        productName = recordDivs.Item(i).querySelector("h6 > a").innerText

        ' 取得商品圖片
        productImage = recordDivs.Item(i).querySelector("div.product__item_

        ' 取得價格
        productPrice = recordDivs.Item(i).querySelector("div.product__price'

        ' 在Excel工作表寫入資料
        Sheets("工作表1").Range("A" & i + 2).Value = productName
        Sheets("工作表1").Range("B" & i + 2).Value = productImage
        Sheets("工作表1").Range("C" & i + 2).Value = productPrice
    Next i

    ' 關閉Internet Explorer物件
    IE.Quit

    ' 釋放物件記憶體
    Set IE = Nothing
    Set HTMLDoc = Nothing
    Set productSec = Nothing
    Set recordDivs = Nothing
End Sub
```

　　請 複 製 上 述 ChatGPT 寫 出 的 VBA 程 序 至 Excel 檔 案 ch11-4_gpt.
xlsm，其執行結果請先按清除鈕清除儲存格內容後，再按取得商品資料鈕，
可以在 Excel 工作表填入爬取的商品資料，如下圖所示：

	A	B	C	D
1	商品名稱	商品圖片	價格	
2	Buttons tweed blazer	img/product/product-1.jpg	$59.00	
3	Flowy striped skirt	img/product/product-2.jpg	$49.00	
4	Cotton T-Shirt	img/product/product-3.jpg	$59.00	
5	Slim striped pocket shirt	img/product/product-4.jpg	$59.00	
6	Fit micro corduroy shirt	img/product/product-5.jpg	$59.00	
7	Tropical Kimono	img/product/product-6.jpg	$ 49.0 $ 59.0	
8	Contrasting sunglasses	img/product/product-7.jpg	$59.00	
9	Water resistant backpack	img/product/product-8.jpg	$ 49.0 $ 59.0	
10				
11				
12		取得商品資料		清除
13				
14				

11-5 ChatGPT 應用：使用 IE 自動化爬取網站的搜尋結果

我們可以使用 ChatGPT 建立 IE 自動化的 Excel VBA 爬蟲程式，模擬使用者針對瀏覽器的操作來爬取網路資料。例如：DuckDuckGo 是一個不儲存個人資料的搜尋網站，其 URL 網址如下所示：

◆ https://duckduckgo.com

在欄位輸入關鍵字 Excel 後，按後面的搜尋按鈕，即可顯示關鍵字的搜尋結果，如下圖所示：

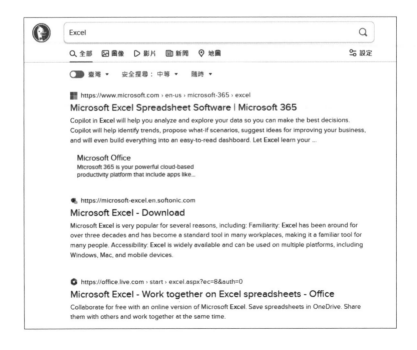

☆ 分析 HTML 網頁資料

現在，我們準備使用 IE 自動化，建立 Excel VBA 程式來模擬填入關鍵字 Excel 和按下按鈕，然後取出搜尋結果的標題文字。請使用 Chrome 開發人員工具找出 DuckDuckGo 搜尋表單欄位的 id 屬性值，如下表所示：

HTML 表單欄位標籤	id 屬性值
<input type="text"...>	search_form_input_homepage
<input type="submit"...>	search_button_homepage

上表依序是輸入關鍵字的文字方塊，和之後的搜尋按鈕，其搜尋結果的 <a> 標籤，如下所示：

```
<a class="result _ _ a"...><span class="···KAk">Microsoft Excel
Spreadsheet Software | Microsoft 365</span></a>
```

上述 <a> 標籤都有 class 屬性值 result__a，我們可以使用 class 屬性值來取得搜尋結果的 <a> 標籤。

☆ 擷取 DuckDuckGo 網站的搜尋結果　　　　ch11-5_gpt.xlsm

在成功分析搜尋表單和回應結果的資料後，就可以詢問 ChatGPT 寫出 IE 自動化的 VBA 程序，可以爬取 DuckDuckGo 網站的搜尋結果，其詳細的問題和功能描述（ch11-5.txt），如下所示：

Q 晚期繫結（Late Binding）是使用CreateObject()函數來建立物件，如下所示：

Dim IE As Object
Set IE = CreateObject("InternetExplorer.Application")

早期繫結（Early Binding）是如同使用內建型別來建立物件，如下所示：

Dim IE As New InternetExplorer

請建立一個Excel VBA程序GetSearchResult()，並且加上繁體中文的註解文字，使用晚期繫結建立Internet Explorer物件瀏覽URL網址https://duckduckgo.com的搜尋表單，然後使用IE自動化來輸入下列欄位值，如下所示：

1. 找到id屬性值search_form_input_homepage的文字欄位，輸入"Excel"。
2. 找到id屬性值search_button_homepage的按鈕，呼叫Click()方法。

在取得查詢結果的回應資料後，請使用class屬性值result__a找出所有搜尋結果的<a>標籤，然後依序取出innerText和href屬性值來寫入Excel工作表。

```vba
                                                                Copy code

Sub GetSearchResult()
    Dim IE As Object
    Dim htmlDoc As Object
    Dim searchInput As Object
    Dim searchButton As Object
    Dim searchResults As Object
    Dim resultLink As Object
    Dim rowIndex As Integer
```

```vba
' 建立 Internet Explorer 物件
Set IE = CreateObject("InternetExplorer.Application")

' 載入指定的 URL
IE.Navigate "https://duckduckgo.com"

' 等待網頁載入完成
Do While IE.Busy Or IE.ReadyState <> 4
    Application.Wait Now + TimeValue("0:00:01")
Loop

' 取得網頁的 HTML 文件
Set htmlDoc = IE.Document

' 找到搜尋文字欄位並輸入關鍵字
Set searchInput = htmlDoc.getElementById("search_form_input_homepage")
searchInput.Value = "Excel"

' 找到搜尋按鈕並點擊
Set searchButton = htmlDoc.getElementById("search_button_homepage")
searchButton.Click

' 等待搜尋結果載入完成
Do While IE.Busy Or IE.ReadyState <> 4
    Application.Wait Now + TimeValue("0:00:01")
Loop

' 找到所有搜尋結果的<a>標籤
Set searchResults = htmlDoc.getElementsByClassName("result__a")

' 在 Excel 工作表中寫入搜尋結果
rowIndex = 1
For Each resultLink In searchResults
    ' 寫入搜尋結果的內文和網址
    Cells(rowIndex, 1).Value = resultLink.innerText
    Cells(rowIndex, 2).Value = resultLink.href
    rowIndex = rowIndex + 1
Next resultLink

' 關閉 Internet Explorer 物件
IE.Quit
```

```
    ' 釋放物件變數
    Set searchResults = Nothing
    Set searchButton = Nothing
    Set searchInput = Nothing
    Set htmlDoc = Nothing
    Set IE = Nothing

    MsgBox "搜尋結果已寫入 Excel 工作表。"
End Sub
```

　　請複製 ChatGPT 寫出的 VBA 程序，貼至 Excel 檔案 ch11-5_gpt. xlsm，其執行結果請先按清除鈕清除儲存格內容後，再按爬取鈕，可以顯示 Internet Explorer 視窗填入關鍵字 Excel 和顯示搜尋結果，在 Excel 工作表是搜尋結果 <a> 標籤的標題文字和 href 屬性值，如下圖所示：

	A	B	C	D	E
1	free download excel for windows 10	https://duckduckgo.com/?q=free%20download%20excel%20for%20windows%2010&t=h_			
2	excel if not equal	https://duckduckgo.com/?q=excel%20if%20not%20equal&t=h_			
3	if greater than or equal to excel	https://duckduckgo.com/?q=if%20greater%20than%20or%20equal%20to%20excel&t=h_			
4	tải excel về máy	https://duckduckgo.com/?q=t%E1%BA%A3i%20excel%20v%E1%BB%81%20m%C3%A1y&t=h_			
5	new excel sheet download	https://duckduckgo.com/?q=new%20excel%20sheet%20download&t=h_			
6	why does my excel keep freezing	https://duckduckgo.com/?q=why%20does%20my%20excel%20keep%20freezing&t=h_			
7	microsoft excel services	https://duckduckgo.com/?q=microsoft%20excel%20services&t=h_			
8	excel log in	https://duckduckgo.com/?q=excel%20log%20in&t=h_			
9					
10					
11	爬取	清除			
12					

（1）請簡單說明 Excel VBA 程式如何從一頁 HTML 網頁走訪至下一頁 HTML 網頁？

（2）請問 Excel VBA 程式是如何匯入 CSV 檔案至 Excel 工作表？

（3）在第 11-2 節我們找到可以下載台灣證交所的個股日成交資訊 CSV 檔案的超連結，請參考第 11-3 節的說明詢問 ChatGPT 寫出一個 VBA 程序，可以自動下載此 CSV 檔案？

（4）請找一個類似第 11-4 節的網路商店網站，然後使用第 11-4 節的說明分析網頁來找出 CSS 選擇器，即可詢問 ChatGPT 寫出 Excel VBA 爬蟲程式。

（5）請找一個類似第 11-5 節提供搜尋功能的網站，然後使用第 11-5 節的說明分析網頁來找出欄位的定位方式，即可詢問 ChatGPT 寫出 Excel VBA 爬蟲程式。

M E M O

12

ChatGPT × Excel VBA 整合應用：在 Excel 串接 ChatGPT API

12-1 取得 OpenAI 帳戶的 API Key

OpenAI 在 2023 年 3 月初釋出官方 ChatGPT API，這是稱為 gpt-3.5-turbo 的優化 GPT-3.5 語言模型，也是目前 OpenAI 回應速度最快的 GPT 版本。在 Excel 使用 ChatGPT API 前，我們需要先設定成為付費帳戶、取得 OpenAI 帳戶的 API Key。

 請注意！目前新註冊的 OpenAI 帳戶，已經沒有提供 ChatGPT API 的試用期和試用金額，Personal 版的 OpenAI 帳戶需要設定付費帳戶後，才能使用 ChatGPT API，其費用是每 1000 個 Tokens 收費 0.002 美元，1000 個 Tokens 大約等於 750 個單字。

☆ 設定付費帳戶和查詢 ChatGPT API 使用金額

請啟動瀏覽器使用附錄 A 註冊的 OpenAI 帳戶，登入 OpenAI 平台 https://platform.openai.com/ 首頁後，點選右上方 Personal，執行 Manage account 命令。

在帳戶管理可以查詢 ChatGPT API 的使用金額，這是使用圖表方式顯示每日或累積的使用金額，如下圖所示：

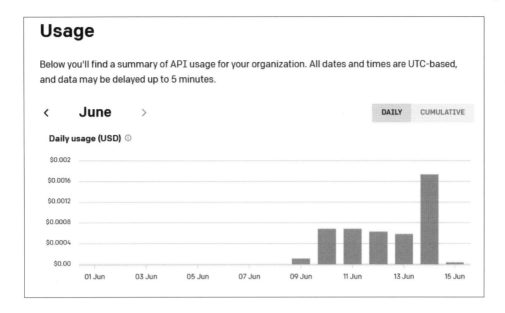

在左邊選 Billing 後，按 Set up paid account 鈕，就可以輸入付款的信用卡資料來成為付費帳戶。

☆ 產生和取得 OpenAI 帳戶的 API Key

接著，我們需要產生和取得 ChatGPT API 的 API Key，其步驟如下：

Step **1** 請在 OpenAI 平台首頁，點選右上方 Personal，執行 View API keys 命令後，按 Create new secret key 鈕產生 API Key。

API keys

Your secret API keys are listed below. Please note that we do not display your secret API keys again after you generate them.

Do not share your API key with others, or expose it in the browser or other client-side code. In order to protect the security of your account, OpenAI may also automatically rotate any API key that we've found has leaked publicly.

+ Create new secret key

Step 2 可以看到產生的 API Key，因為只會產生一次，請記得點選欄位後的圖示複製和保存好 API Key，如下圖所示：

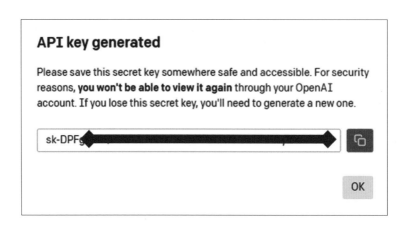

在 API Keys 區段可以看到產生的 SECRET KEY 清單，如下圖所示：

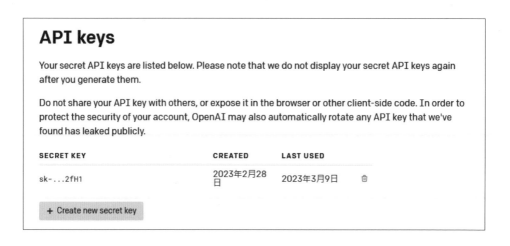

上述 API Keys 並無法再次複製，如果忘了或沒有複製到 API Key，只能重新產生一次 API Key 後，再點選舊 API Key 之後的垃圾桶圖示來刪除舊的 API Key。

12-2 使用 Excel VBA 串接 ChatGPT API

在成功取得 Open AI 的 API KEY 後，我們就可以整合 Excel VBA 程式和 ChatGPT API，直接在 Excel 儲存格使用 ChatGPT。

☆ 在 Excel 儲存格取得 ChatGPT 回應資料 　　　　　ch12-2.xlsm

Excel 工作表是在 "B1" 儲存格輸入 ChatGPT 提示文字（Prompt），可以在 "B4" 儲存格顯示回應內容。VBA 程式是在 chatGPT_Click() 事件處理程序來串接 ChatGPT API，首先宣告相關變數，如下所示：

```
Dim xmlhttp As Object
Dim prompt, replayMsg, API_URL, API_KEY As String
Dim rng As Range


API_URL = "https://api.openai.com/v1/chat/completions"
API_KEY = "sk-NJ2M6IO86i0G…VlGMx95m"────請換成自己的 key
```

上述程式碼指定 ChatGPT API 的 URL 網址和 API KEY，**請務必填入讀者在第 12-1 節取得的 API KEY 字串** (若 key 無效，執行後會出現「HTTP 請求錯誤 :429」的訊息)。然後在下方取得 "B1" 儲存格的提示文字，Replace() 函數可以將提示文字中的所有雙引號改成單引號，如下所示：

```
prompt = Replace(Range("B1").Value, Chr(34), Chr(39))
Set xmlhttp = CreateObject("MSXML2.XMLHTTP.6.0")
xmlhttp.Open "POST", API_URL, False
xmlhttp.setRequestHeader "Content-Type", "application/json"
xmlhttp.setRequestHeader "Authorization", "Bearer " & API_KEY
xmlhttp.Send "{""model"": ""gpt-3.5-turbo""," & _
             """messages"": [{""role"":""user"", " & _
             """content"":""" & prompt & """}]}"
```

上述程式碼建立 XMLHttpRequest 物件後，開啟 POST 方法的 HTTP 請求，然後指定標頭資料是回傳 JSON 資料，和指定認證資料的 API KEY，即可呼叫 Send() 方法送出 HTTP 請求，其參數是定義使用的模型和不同角色訊息的 JSON 資料，如下所示：

```
xmlhttp.Send "{""model"": ""gpt-3.5-turbo""," & _
              """messages"": [{""role"":""user"", " & _
              """content"":""" & prompt & """}]}"
```

上述 Send 方法的參數是 POST 請求送出的 JSON 資料，內容如下：

```
{
    "model": "gpt-3.5-turbo",
    "messages": [ { "role": "user", "content": "提示文字內容" } ]
}
```

上述 JSON 資料的常用參數說明，如下所示：

◆ model 參數：指定 ChatGPT API 使用的語言模型。

◆ messages 參數：此參數是一個 JSON 物件陣列，每一個訊息是一個 JSON 物件，擁有 2 個鍵，role 鍵是角色；content 鍵是訊息內容，每一個訊息可以指定三種角色，在 role 鍵的三種角色值說明，如下所示：

  ○ "system"：此角色是指定 ChatGPT API 表現出的回應行為，以此例是一位客服機器人。

  ○ "user"：這個角色就是你的問題，可以是單一 JSON 物件，也可以是多個 JSON 物件的訊息。

  ○ "assistant"：此角色是助理，可以協助 ChatGPT 語言模型來回應答案，在實作上，我們可以將上一次對話的回應內容，再送給語言模型，如此 ChatGPT 就會記得上一次是聊了什麼。

◆ max_tokens 參數：ChatGPT 回應的最大 Tokens 數的整數值。

◆ temperature 參數：控制 ChatGPT 回應的隨機程度，其值是 0~2（預設值是 1），當值愈高回應的愈隨機，ChatGPT 愈會亂回答。

　　然後使用 If/Else 條件敘述判斷 HTTP 請求是否成功，成功，就在 "B4" 儲存格顯示 ChatGPT 回應的資料，如下所示：

```
If xmlhttp.Status = 200 Then
    replyMsg = xmlhttp.responseText
    Set rng = Range("B4:B10")
    rng.Clear
    Range("B4").Value = replyMsg
Else
    MsgBox ("HTTP請求錯誤: " & xmlhttp.Status)
End If

Set xmlhttp = Nothing
```

　　請啟動 Excel 開啟 ch12-2.xlsm，在 "B1" 儲存格輸入提示文字內容後，按詢問鈕，可以在 "B4" 儲存格顯示回應的 JSON 格式資料，如下圖所示：

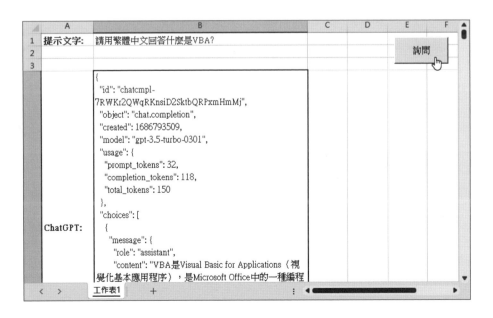

　　因為 ChatGPT API 回應的是 JSON 格式的資料，VBA 程式可以使用第 9-3 節的 VBA-JSON 函式庫來剖析 JSON 資料。從回應的 JSON 資料可以看出回應內容就是 "content" 鍵的值，我們可以詢問 ChatGPT 幫助我們剖析 JSON 資料，找出定位此鍵的鍵路徑，詳細的問題描述（ch12-2.txt），如下所示：

> **Q** 當剖析JSON資料時，我們可以找出取得指定鍵值的每一層鍵的路徑值，例如：取得"test"鍵的值，可以使用鍵路徑：
>
> "JSON鍵" -> "test"
>
> 例如：取得"content"鍵的值，因為有JSON陣列，鍵值就是索引值，其鍵路徑如下：
>
> "JSON鍵" -> 1 -> "content"
>
> 請依據上述說明，找出"content"鍵的鍵路徑，JSON資料如下：
>
> {"id":"chatcmpl-7KnYwMrHZHWYreSxSBGl4YoxZO9Bj","object":"chat.completion","created":1685191434,"model":"gpt-3.5-turbo-0301","usage":{"prompt_tokens":32,"completion_tokens":120,"total_tokens":152},"choices":[{"message":{"role":"assistant","content":"VBA全名為Visual Basic for Applications，它是一種基於Microsoft Visual Basic 的程式語言，用於在Microsoft Office應用程序（例如Excel、Word、PowerPoint等）中自動化和定制編程。VBA可以通過編程實現增強程式的功能並自動化重複性的操作，讓用戶無需手動操作即可完成繁瑣的任務。"},"finish_reason":"stop","index":0}]}

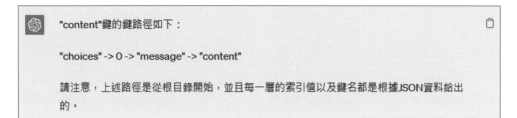

"content"鍵的鍵路徑如下：

"choices" -> 0 -> "message" -> "content"

請注意，上述路徑是從根目錄開始，並且每一層的索引值以及鍵名都是根據JSON資料給出的。

上述 ChatGPT 回應的內容，就是找出的鍵路徑，如下所示：

```
"choices"->0->"message"->"content"
```

上述鍵路徑因為 JSON 陣列索引是從 0 開始，所以索引值是 0，VBA-JSON 函式庫是從 1 開始，所以取出回應內容的 VBA 程式碼，如下所示：

```
replyMsg = JSON("choices")(1)("message")("content")
```

請修改 ch12-2.xlsm 成為 ch12-2a.xlsm，在匯入 JsonConverter.bas 函式庫後，呼叫 ParseJson() 函數剖析回傳的 JSON 資料，如下所示：

```
...
If xmlhttp.Status = 200 Then
    Set JSON = ParseJson(xmlhttp.responseText)
    replyMsg = JSON("choices")(1)("message")("content")
    Set rng = Range("B4:B10")
    rng.Clear
    Range("B4").Value = replyMsg
Else
    MsgBox ("HTTP請求錯誤: " & xmlhttp.Status)
End If
```

上述程式碼取得 "content" 鍵內容的 replyMsg 變數值後，顯示在 "B4" 儲存格，可以看到在 "B4" 儲存格顯示的是 ChatGPT 的回應內容，如下圖所示：

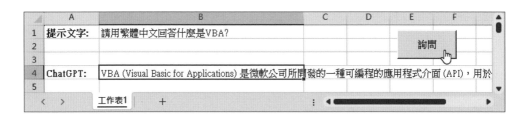

☆ 將儲存格的文字內容設定自動換行顯示　　ch12-2b.xlsm

在 ch12-2a.xlsm 顯示的結果是跨多欄的一整行文字內容，我們可以指定 Range 物件的 WrapText 屬性值為 True，讓回應內容自動換行顯示：

```
...
Range("B4").Value = replyMsg
rng.WrapText = True
...
```

請啟動 Excel 開啟 ch12-2b.xlsm，在 "B1" 儲存格輸入提示文字內容後，按詢問鈕，可以在 "B4" 儲存格顯示自動換行的回應內容，如下圖所示：

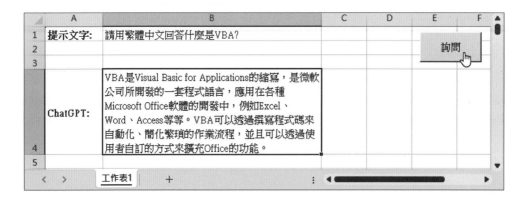

☆ 將儲存格的文字內容分割成多個段落來顯示　　ch12-2c.xlsm

如果 ChatGPT 的回應內容擁有多個段落，我們可以詢問 ChatGPT 幫助我們寫一個程序來將儲存格的文字內容分割成多個段落來顯示，每一個段落是顯示在向下位移的獨立儲存格。其詳細的問題和功能描述（ch12-2a.txt），如下所示：

> **Q** 你是VBA程式專家，請寫一個VBA程序SplitCellTextToMultipleRows()，並且加上繁體中文的註解文字，可以將儲存格"B4"的文字內容，使用vbCrLf常數來分割顯示成多段落的文字內容，這是使用Range物件的offset()方法來顯示段落至下一列的儲存格，程序並不用先檢查儲存格是否有文字內容。

以下是使用VBA编写的 `SplitCellTextToMultipleRows()` 程序，实现将单元格"B4"的文本内容按段落分割，并在下一行单元格显示每个段落的文字内容。程序中已添加了繁体中文的注释文字。

```vba
Sub SplitCellTextToMultipleRows()
    Dim cell As Range
    Dim paragraphs() As String
    Dim i As Integer

    ' 將儲存格文字內容以 vbCrLf 分割成段落
    paragraphs = Split(Range("B4").Value, vbCrLf)

    ' 使用 Range 物件的 Offset() 方法逐行顯示段落
    Set cell = Range("B4")
    For i = 0 To UBound(paragraphs)
        cell.Offset(i, 0).Value = paragraphs(i)
    Next i
End Sub
```

請修改 ch12-2b.xlsm 成為 ch12-2c.xlsm，新增上述 ChatGPT 寫出的 SplitCellTextToMultipleRows() 程序，和在事件處理程序的最後呼叫此程序，如下所示：

```
...
    MsgBox ("HTTP請求錯誤: " & xmlhttp.Status)
    End If
    ' 將儲存格文字切割成很多行
    Call SplitCellTextToMultipleRows

    Set xmlhttp = Nothing
End Sub
```

在下方是複製貼上 ChatGPT 寫出的 VBA 程序，首先宣告相關變數，paragraphs 陣列變數是用來儲存每一個文字段落，如下所示：

```
Sub SplitCellTextToMultipleRows()
    Dim cell As Range
    Dim paragraphs() As String
    Dim i As Integer

    ' 將儲存格文字內容以 vbCrLf 分割成段落
    paragraphs = Split(Range("B4").Value, vbCrLf)
```

上述程式碼使用 vbCrLf 常數將 "B4" 儲存格的文字內容分割成多個段落的 paragraphs 陣列，即可在下方使用 For/Next 迴圈走訪陣列元素，和使用 Range 物件的 offset() 方法來逐列顯示多個文字段落，如下所示：

```
    ' 使用 Range 物件的 Offset() 方法逐行顯示段落
    Set cell = Range("B4")
    For i = 0 To UBound(paragraphs)
        cell.Offset(i, 0).Value = paragraphs(i)
    Next i
End Sub
```

　　Excel　VBA 程式的執行結果，可以看到從 "B4" 儲存格開始，向下顯示 ChatGPT 回應內容的多個段落，每一個段落是顯示在一個儲存格，如下圖所示：

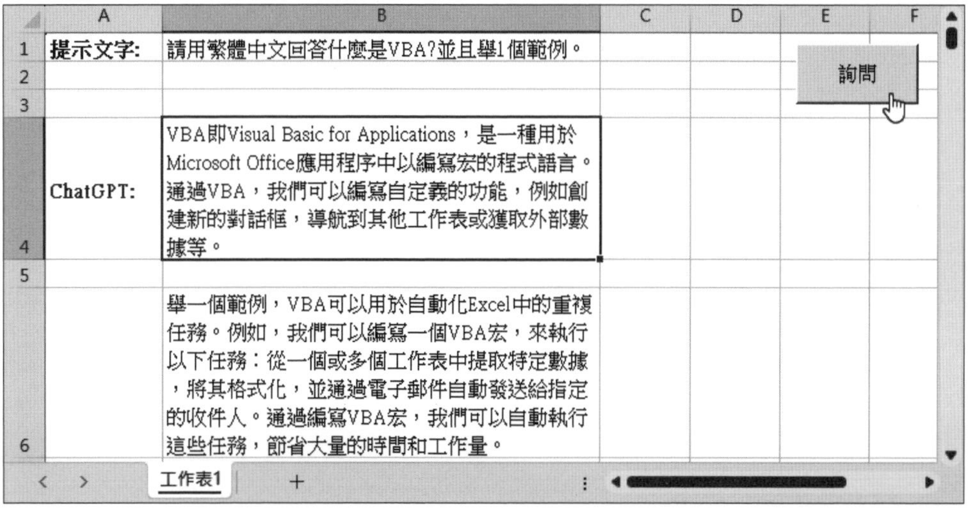

12-3 安裝與使用 ChatGPT API 的 Excel 增益集

Excel 現在已經支援很多針對 ChatGPT API 的 Excel 增益集,在本章是使用一套 100% 免費的 Excel 增益集,可以在 Excel 儲存格整合 ChatGPT API 的應用。

12-3-1 下載與安裝 ChatGPT API 的 Excel 增益集

ChatGPT API 的 Excel 增益集可在下列網址下載,其 URL 網址如下:

◆ https://www.listendata.com/2023/04/excel-add-in-for-chatgpt.html

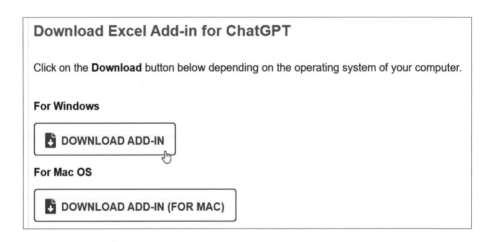

請往下捲動網頁,點選 DOWNLOAD ADD-IN,下載 Excel 增益集的檔案。

請注意!本書下載的檔案是:ChatGPT_V3.xlam(V4 及 V5 版目前無法正確顯示中文內容),你可以連到 http://fchart.is-best.net/ChatGPT_V3.xlam 網址下載 V3 版,以便跟著操作。

☆ 在 Excel 安裝 ChatGPT API 的 Excel 增益集

下載檔案後，我們就可以啟動 Excel 來安裝增益集，其步驟如下所示：

Step 1 請在下載檔案 ChatGPT_V3.xlam 上，執行**右**鍵快顯功能表的**內容**命令，然後在下方勾選**解除封鎖**後，按**確定**鈕。

Step 2 請啟動 Excel 開啟空白活頁簿，執行「**檔案 / 其他 / 選項**」命令。在左邊選**增益集**後，按下方的**執行**鈕。

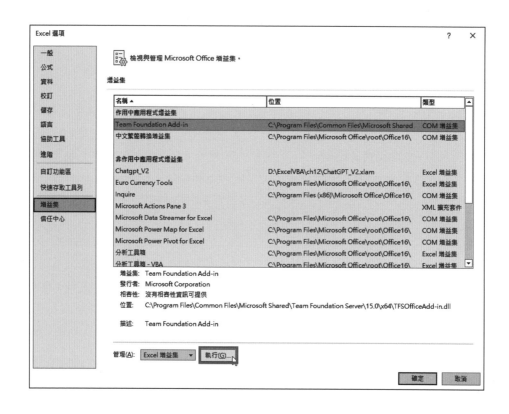

Step **3** 在增益集對話方塊按瀏覽鈕。

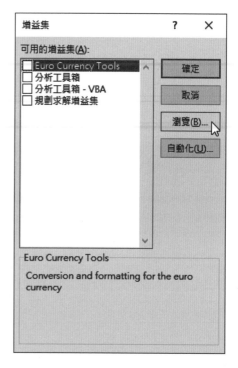

Step 4 請切換至下載路徑，選 ChatGPT_V3.xlam，按確定鈕。

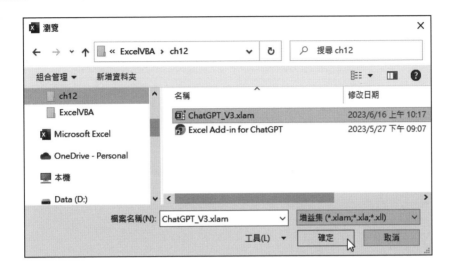

Step 5 可以看到新增的 ChatGPT 增益集，預設勾選（啟用），按確定鈕。

Step 6 可以看到在 Excel 已經新增 ChatGPT 標籤頁，如下圖所示：

☆ 設定 ChatGPT API 增益集

設定 ChatGPT API 增益集就是設定第 12-1 節取得的 API Key，請在 ChatGPT 標籤選 Update Key，在 Select Model 欄選擇使用的模型，在 API Key 欄輸入 API Key 金鑰（請使用鍵盤 Ctrl + V 鍵來貼上 API Key）後，按 Submit 鈕更新金鑰。

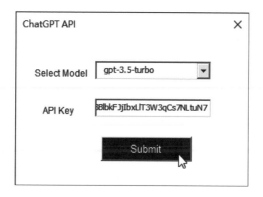

12-3-2 使用 ChatGPT API 的 Excel 增益集

當成功在 Excel 安裝和設定好 ChatGPT API 的 Excel 增益集後，我們就可以馬上使用 ChatGPT API 的 Excel 增益集。

☆ 使用 ChatGPT 標籤的 AI Assistant

我們可以使用 ChatGPT 標籤的 AI Assistant（AI 助理），馬上回答指定 Excel 儲存格的問題，其步驟如下所示：

Step **1** 請啟動 Excel 建立空白活頁簿，首先在 "A1" 儲存格輸入你的問題「請用繁體中文回答什麼是 VBA?」，然後在 ChatGPT 標籤選 AI Assistant，如下圖所示：

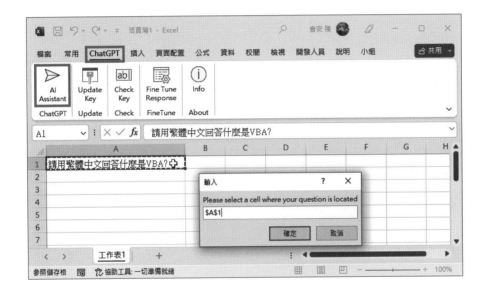

Step **2** 點選問題所在的儲存格 "A1"，按確定鈕，稍等一下，就可以在問題所在儲存格的下方顯示 ChatGPT 回答的內容，如右圖所示：

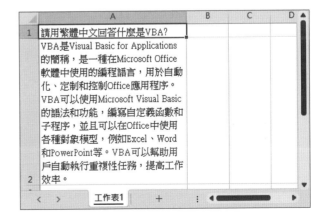

☆ 在儲存格使用增益集的 AI 函數

ChatGPT API 的 Excel 增益集提供 5 個函數來使用 ChatGPT API，其簡單說明如下表所示：

函數	說明
AIAssistant(提示文字 , [字數])	使用 ChatGPT 回答提示文字的內容，可以指定字數
AIAssistant_Chat(提示文字 , [重設])	如同網頁的 ChatGPT 的聊天對話，第 2 個參數 TRUE 是重設對話過程
AIAssistant_Explain(公式 , [詳細])	可以讓 ChatGPT 幫助我們學習 Excel 公式
AIAssistant_FillData(資料範圍 , 填滿範圍)	可以使用存在資料範圍的資料來訓練 ChatGPT 回答填滿範圍的未完成內容
AIAssistant_Extractor(提示文字 , 關鍵字)	從提示文字中取出關鍵字的摘要資料

在儲存格輸入「=ai」，就可以看到增益集的 AI 函數，如下圖所示：

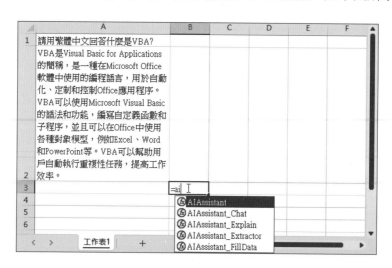

在 ChatGPT API 增益集的下載網址有提供上表 AI 函數的使用說明和解說影片。更多關於增益集背後 VBA 程式碼的說明，請參閱下列 URL 網址，如下所示：

◆ https://www.listendata.com/2023/03/how-to-run-chatgpt-inside-excel.
html

12-4 ChatGPT 應用：自動化撰寫 Excel 的客戶回應

員工美麗是公司的客服人員，上班就是在線上即時回應客戶需求，同時需要定時回應客戶使用電子郵件詢問的各種客服問題。因為美麗的工作習慣是今天收到的客服電子郵件，都會一併在隔天才回覆郵件，所以，我們準備使用 ChatGPT API X Excel VBA 來自動化撰寫客戶回應，並且將問題和回應內容都儲存在 Excel 檔案。

筆者準備直接詢問 ChatGPT，列出最常回答的 10 種客戶問題來作為本節的客服問題範例。詳細的問題描述（ch12-4.txt），如下所示：

 請使用繁體中文列出最常回答的10種客戶問題。

 以下是作為語言模型常見的十種客戶問題：

1. "我該如何設置我的產品/服務？"
2. "我可以退貨嗎？"
3. "我的訂單在哪裡？"
4. "您的產品/服務有哪些特點？"
5. "我該如何聯繫客戶支持？"
6. "這個產品/服務的價格是多少？"
7. "您的產品/服務有保固嗎？"
8. "這個產品/服務是否適合我的需求？"
9. "您的公司在哪裡？"
10. "這個產品/服務是否有任何促銷活動？"

這些問題是基於我所處理的客戶問題的常見主題。當然，具體的客戶問題可能因行業、產品/服務類型以及客戶的個人情況而異。因此，這只是一個一般性的參考。

然後使用上述前 4 個最常詢問的客服問題，建立 Excel 檔案 customer_service.xlsm，其內容是美麗今天收到的客服問題郵件清單，如下圖所示：

	A	B	C	D
1	客戶姓名	電子郵件地址	客戶問題	ChatGPT回答
2	Tom Lee	tom_lee@gmail.com	我該如何設置我的產品/服務？	
3	Francisco Chang	francisco_chang@gmail.com	我可以退貨嗎？	
4	Roland Mendel	roland_mendel@gmail.com	我的訂單在哪裡？	
5	Joe Chen	joechen@gmail.com	您的產品/服務有哪些特點？	
6				

工作表1   ＋

上述 Excel 工作表的 "C2"~"C5" 範圍是每一封電子郵件的客戶問題描述，我們可以建立 Excel VBA 程式讀取此欄位的問題，然後使用 ChatGPT API 取得 AI 客服機器人的回應訊息，再回填至 "D" 欄對應的 ChatGPT 回答欄。

☆ 取得 Excel 檔案中的客戶問題陣列　　　customer_service.xlsm

首先，我們準備讓 ChatGPT 寫一個 Excel VBA 程式，可以取得 Excel 檔案中客戶的問題，填入對應的隔壁欄。詳細的問題和功能描述（ch12-4a.txt），如下所示：

> **Q** 在Excel檔案名為"工作表1"的工作表中，"C2"~"C5"範圍的儲存格是客戶問題，請寫一個VBA程序answerQuestion()，加上繁體中文的註解文字，可以使用迴圈取出每一個儲存格的客戶問題，在取出前10個字後，填入對應的D欄。

上述 VBA 程式碼的執行結果，可以看到更新的 Excel 檔案內容，在 "D2"~"D5" 欄填入的資料只有問題的前 10 個字，如下圖所示：

☆ 將 VBA 程序改寫成 VBA 函數

在 Excel 檔案 ch12-2a.xlsm 是使用 chatGPT_Click() 事件處理程序來串接 ChatGPT API，我們準備將這整個程序丟給 ChatGPT，請 ChatGPT 幫我們改寫成一個 getChatGPT() 函數，可以傳入問題提示文字的 prompt 參數，和回傳 ChatGPT 的回答內容。

ChatGPT 詳細的問題和功能描述（ch12-4b.txt），如下所示：

> **Q** 你是VBA程式專家，請將下列VBA程序改寫成VBA函數getChatGPT()，函數有1個prompt參數是"B1"的問題描述字串，可以回傳ChatGPT回應的replyMsg字串，如下所示：
>
> ```vba
> Sub chatGPT_Click()
>     Dim xmlhttp, JSON As Object
>     Dim prompt, replayMsg, API_URL, API_KEY As String
>     API_URL = "https://api.openai.com/v1/chat/completions"
>     API_KEY = "sk-NJ2M6IO86i0GPIAMJoB0T3BlbkFJAhzdV63HABUS VIGMx95m"
>     prompt = Replace(Range("B1").Value, Chr(34), Chr(39))
>     Set xmlhttp = CreateObject("MSXML2.XMLHTTP.6.0")
>     xmlhttp.Open "POST", API_URL, False
>     xmlhttp.setRequestHeader "Content-Type", "application/json"
>     xmlhttp.setRequestHeader "Authorization", "Bearer " & API_KEY
>     xmlhttp.Send "{""model"": ""gpt-3.5-turbo""," & _
>             """messages"": [{""role"":""user"", " & _
>             """content"":""" & prompt & """}]}"
>     If xmlhttp.Status = 200 Then
>         Set JSON = ParseJson(xmlhttp.responseText)
>         replyMsg = JSON("choices")(1)("message")("content")
>     Range("B4").Value = replyMsg
> ```

```
        Else
            MsgBox ("HTTP請求錯誤: " & xmlhttp.Status)
        End If
        Set xmlhttp = Nothing
    End Sub
```

輸出格式：使用Code程式框

您可以將以下程式碼添加到您的VBA模組中，以將該功能轉換為VBA函數getChatGPT()：

```vba
Function getChatGPT(prompt As String) As String
    Dim xmlhttp, JSON As Object
    Dim replyMsg, API_URL, API_KEY As String

    API_URL = "https://api.openai.com/v1/chat/completions"
    API_KEY = "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"

    Set xmlhttp = CreateObject("MSXML2.XMLHTTP.6.0")
    xmlhttp.Open "POST", API_URL, False
    xmlhttp.setRequestHeader "Content-Type", "application/json"
    xmlhttp.setRequestHeader "Authorization", "Bearer " & API_KEY
    xmlhttp.Send "{""model"": ""gpt-3.5-turbo""," & _
                """messages"": [{""role"":""user"", " & _
                """content"":""" & prompt & """}]}"

    If xmlhttp.Status = 200 Then
        Set JSON = ParseJson(xmlhttp.responseText)
        replyMsg = JSON("choices")(1)("message")("content")
        getChatGPT = replyMsg
    Else
        MsgBox ("HTTP請求錯誤: " & xmlhttp.Status)
        getChatGPT = ""
    End If

    Set xmlhttp = Nothing
End Function
```

請參閱第 9-2-1 節下載和設定 VBA-JSON 函式庫後，就可以在 Module1 新增上述 getChatGPT() 函數，筆者已經修改 answerQuestion() 事件處理程序，在最後新增測試此函數的 VBA 程式碼，如下所示：

```
Range("D2").Value = getChatGPT(Replace(Range("C2").Value, Chr(34), Chr(39)))
```

VBA 程式的執行結果可以看到第 2 列的客戶問題有 ChatGPT 回答的答案，如下圖所示：

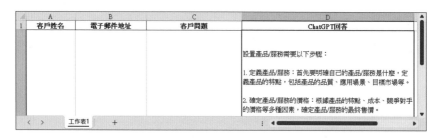

☆ 使用 ChatGPT API 撰寫客戶回應　　customer_service3.xlsm

請注意！因為目前 ChatGPT 網頁版並無法寫出 ChatGPT API 的 VBA 程式，我們需要自行修改 Excel 檔案 customer_service2.xlsm 成為 customer_server3.xlsm，可以整合 getChatGPT() 函數來串接 ChatGPT API，自動化回答整欄儲存格的客戶問題。

在 answerQuestion() 事件處理程序是修改原填入問題前 10 個字的程式碼，改為呼叫 getChatGPT() 函數來串接 ChatGPT API，如下所示：

```
Sub answerQuestion()
    Dim ws As Worksheet
    Dim rng As Range
    Dim cell As Range
    Dim question As String
    Dim answer As String
    ' 設定工作表
    Set ws = ThisWorkbook.Worksheets("工作表1")
    ' 設定範圍
    Set rng = ws.Range("C2:C5")
    ' 迴圈處理每一個儲存格
    For Each cell In rng
```

```
        question = Replace(cell.Value, Chr(34), Chr(39))
        '  將結果填入對應的D欄
        cell.Offset(0, 1).Value = getChatGPT(question)
        cell.Offset(0, 1).WrapText = True
        Application.Wait (Now + TimeValue("0:00:05"))
    Next cell
End Sub
```

上述 For Each/Next 迴圈走訪 Range 範圍物件的儲存格，在取得問題的提示文字後，呼叫 getChatGPT() 函數取得 ChatGPT 的回應，為了避免太頻繁送出 HTTP 請求，在迴圈最後使用 Application.Wait() 方法暫停 5 秒鐘後，才詢問 ChatGPT 回答下一個問題。

在 getChatGPT() 函數只有修改新增系統角色，指定 ChatGPT 扮演的角色是一位客服機器人，這是在 Send() 方法的 JSON 資料參數指定此角色，如下所示：

```
...
xmlhttp.Send "{""model"": ""gpt-3.5-turbo""," & _
            """messages"": [ {""role"": ""system"", " & _
            """content"": ""你是客服機器人""}, " & _
            "{""role"":""user"", ""content"":""" & prompt & """}]}"
...
```

上述角色 "role" 鍵是 "system"，"content" 鍵是角色描述的 " 你是客服機器人 "，其執行結果可以看到在 ChatGPT 回答欄填入 ChatGPT API 客服機器人的回應內容，如下圖所示：

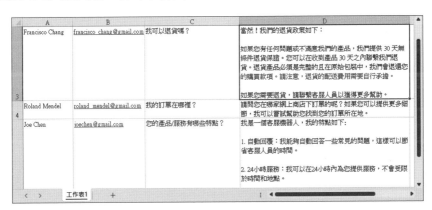

① 請問什麼是 OpenAI 的 ChatGPT API？如何取得 API Key？

② 請簡單說明 Excel VBA 程式如何串接 ChatGPT API？

③ 請問什麼是 Excel 增益集？請參閱第 12-3-1 節的說明安裝和設定 ChatGPT API 的 Excel 增益集。

④ 請簡單說明如何使用第 12-3 節 ChatGPT API 的 Excel 增益集，可以直接在 Excel 儲存格使用 ChatGPT API 來回答問題。

⑤ 請修改第 12-4 節的 Excel VBA 範例，改為一個 Excel 工作表是一位客戶的問題，在成功將 ChatGPT API 的回應內容填入 Excel 儲存格後，新增一個按鈕，可以匯出工作表成為 PDF 檔。

APPENDIX

A

註冊與使用 ChatGPT

A-1 註冊與使用 ChatGPT

最近 AI 界的大事就是 2022 年底 OpenAI 推出的 ChatGPT，其橫空出世的強大聊天功能，迅速攻佔所有的網路聲量，探討其可能應用成為目前最熱門的討論主題。我們準備直接詢問 ChatGPT，讓他自己回答什麼是 ChatGPT，如下所示：

Query: 請使用繁體中文說明什麼是ChatGPT
Reply in 中文

 ChatGPT是一個使用人工智慧技術的大型語言模型，能夠透過文字對話和使用者進行自然的交流[1][2]。它的對話格式使得ChatGPT可以回答後續問題、承認自己的錯誤、挑戰不正確的前提、拒絕不適當的請求等等。使用者可以通過在ChatGPT的網頁上輸入問題，並從結果區域中獲取答案[3]。

上述答案的 ChatGPT 是使用人工智慧訓練出的大型語言模型，稱為 GPT 模型，區分為第 3、3.5 和第 4 代。這是一個使用在自然語言處理的語言模型，可以與人類進行自然語言的溝通，為什麼說是一個大型語言模型，因為 GPT-3 模型的參數量就高達 1750 億（可類比人類大腦的神經元連接數），OpenAI 公司使用了高達 45TG 的龐大網路文字資料來訓練出這個大型語言模型。

簡單的說，ChatGPT 就是一個目前人工智慧技術的產物，可以使用自然語言與我們進行對話，回答我們所提出的任何問題。

☆ 註冊 OpenAI 帳戶

ChatGPT 網頁版目前只需註冊 Personal 版的 OpenAI 帳戶，就可以免費使用，也可升級成付費的 Plus 版，其註冊步驟如下所示：

Step **1** 請啟動瀏覽器進入 https:// chat.openai.com/auth/ login 的 ChatGPT 登入首頁，點選 Sign up 註冊 OpenAI 帳戶。

Step **2** 我們可以輸入電子郵件地址，或點選下方 Continue with Google，直接使用 Google 帳戶來進行註冊。

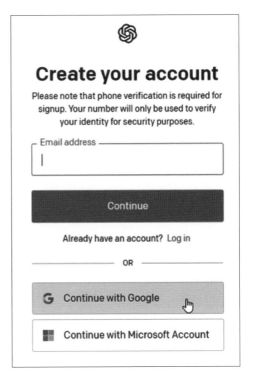

Step **3** 請輸入你的手機電話號碼後，按 Send code 鈕取得認證碼。

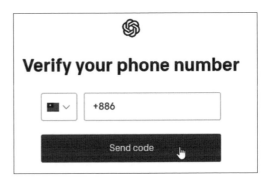

Step 4 等到收到手機簡訊後，請記下認證碼，然後在下方欄位輸入簡訊取得的 6 位認證碼。

Step 5 選擇使用 OpenAI 的主要用途，請自行選擇。

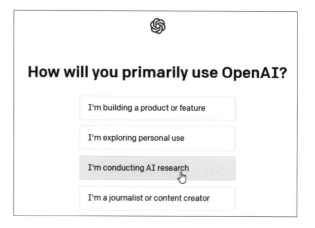

Step 6 因為筆者是選擇進行 AI 研究，所以出現下列畫面詢問是否需要支援，請按 Continue to account 鈕。

Step 7 在成功註冊後，即可進入 OpenAI 帳戶的歡迎頁面，預設是免費的 Personal 版。

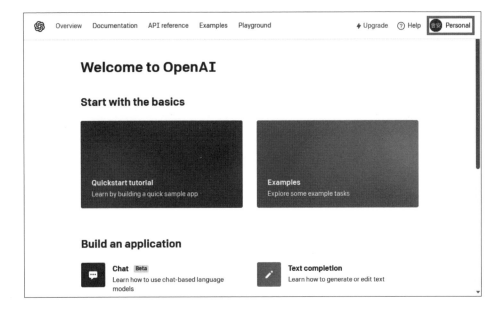

☆ 使用 ChatGPT

在成功註冊後，我們只需使用 OpenAI 帳戶登入 ChatGPT，就可以馬上在 ChatGPT 網頁介面開始 AI 聊天，如下所示：

◆ https://chat.openai.com/auth/login

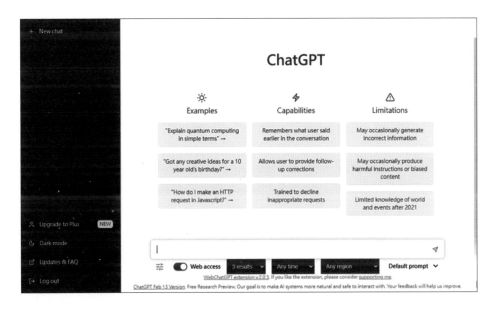

上述網頁介面分成左右兩大部分，其簡單說明如下所示：

◆ 左邊是主選單：點選上方 New chat 可以新增聊天記錄，在其下方會顯示曾經進行過的 ChatGPT 聊天交談記錄清單，當左邊有聊天記錄清單時，可以點選左下方第 1 個 Clear conversations，再點選 Confirm clear conversations 確認刪除這些聊天記錄，在其下方依序是升級 Plus、切換暗色系介面、更新和 FAQ，最後是登出帳戶。

◆ 右邊是聊天介面：我們是在下方欄位輸入聊天訊息（多行訊息的換行請按 Shift + Enter 鍵），在輸入訊息後，點選欄位後方圖示或按 Enter 鍵，即可開始與 ChatGPT 進行聊天。

我們除了可以使用 OpenAI 的 ChatGPT 網頁版介面外，微軟新版 Bing Chat 也一樣可以與 ChatGPT 進行聊天，幫助我們寫出 VBA 程式碼，如下圖所示：

在本書截稿前，OpenAI Personal 版是使用 GPT-3.5 模型；Plus 版可選用 GPT-4 模型，Bing Chat 是使用 GPT-4 模型。

ChatGPT
×
Excel VBA